0~2歲黃金期

職能治療師媽媽的

超強育兒術

兒童職能治療師——蔡曼嫻 著

本書使用方法

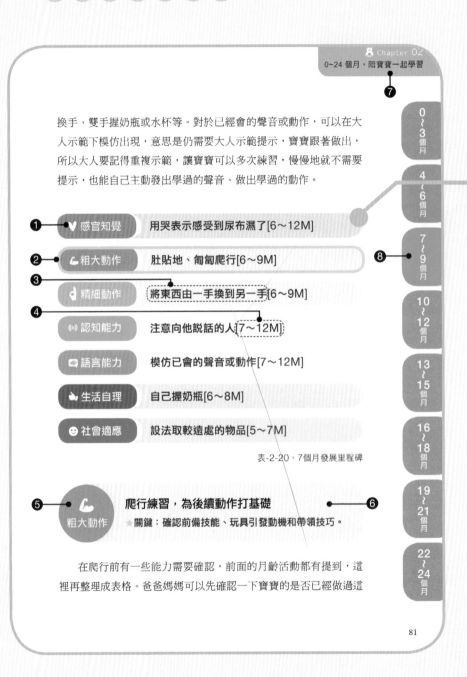

❼

換手、雙手握奶瓶或水杯等。對於已經會的聲音或動作，可以在大人示範下模仿出現，意思是仍需要大人示範提示，寶寶跟著做出，所以大人要記得重複示範，讓寶寶可以多次練習，慢慢地就不需要提示，也能自己主動發出學過的聲音、做出學過的動作。

❶ ❤ 感官知覺　用哭表示感受到尿布濕了[6～12M]

❷ 💪 粗大動作　肚貼地、匍匐爬行[6～9M]

❸ 👌 精細動作　將東西由一手換到另一手[6～9M]

❹ 🔊 認知能力　注意向他說話的人[7～12M]

💬 語言能力　模仿已會的聲音或動作[7～12M]

✋ 生活自理　自己握奶瓶[6～8M]

😊 社會適應　設法取較遠處的物品[5～7M]

表-2-20，7個月發展里程碑

❺ 💪 粗大動作　**爬行練習，為後續動作打基礎** **❻**
★關鍵：確認前備技能、玩具引發動機和帶領技巧。

　　在爬行前有一些能力需要確認，前面的月齡活動都有提到，這裡再整理成表格。爸爸媽媽可以先確認一下寶寶的是否已經做過這

右側標籤：
0～3個月
4～6個月
7～9個月
10～12個月
13～15個月
16～18個月
19～21個月
22～24個月

❽

81

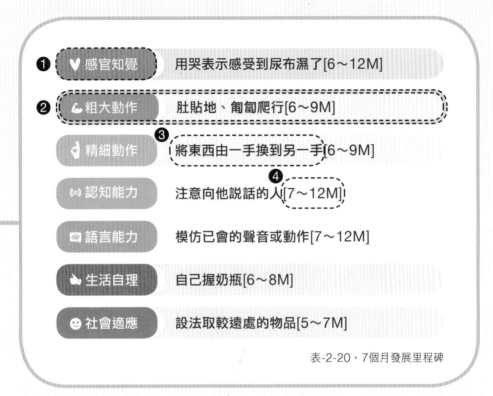

① ♥ 感官知覺　　用哭表示感受到尿布濕了[6～12M]

② 🤚 粗大動作　　肚貼地、匍匐爬行[6～9M]

③ 🎵 精細動作　　將東西由一手換到另一手[6～9M]

④ (◦) 認知能力　　注意向他說話的人[7～12M]

🖼 語言能力　　模仿已會的聲音或動作[7～12M]

👍 生活自理　　自己握奶瓶[6～8M]

☺ 社會適應　　設法取較遠處的物品[5～7M]

表-2-20，7個月發展里程碑

① **發展項目列表**：寶寶需要發展的項目，清楚列出。

② **醒目標示**：練習較困難或概念較抽象的項目，會以框線表示，並會接續解說，並提供建議的操作方式與帶領技巧。

③ **項目發展重點**：該階段觀察重點與活動安排。

④ **發展區間標示**：該項發展出現的時間點，若太晚出現須請教專業人員。

⑤ **圖像標示**：與發展里程碑發展項目對應，可清楚比對之外，閱讀時亦可快速找到。

⑥ **訓練目標與觀察重點**：條列訓練目標與觀察重點，開始練習前先了解方向與重點。

⑦ **章節索引**：不同章節以顏色區分，更好翻閱。

⑧ **月齡索引**：側邊索引，方便按寶寶月齡查找，獲得該月發展促進建議。

CONTENTS
目錄

專為爸媽設計的育兒工具書

我是一位兒童職能治療師，也是一位媽媽。在生孩子前，就陪伴與協助 0～6 歲的孩子們各方面的發展，如：動作發展、生活自理、情緒行為、感覺統合、遊戲技能等等，也與家長合作討論在家如何安排作息活動、玩具／環境建議，累積了多年實務經驗。原本以為這樣的自己帶孩子應該會如魚得水，豈知爸媽的角色任務要複雜得多了呀！

育兒生活面臨產後不適、睡眠不足、意見衝突、繁重勞務等等壓力下，照顧與滿足寶寶的需求，對生理和心理帶來前所未有的衝擊與疲憊，從中深刻感受為人父母的甜蜜重擔與困難。所以開始將自己在育兒生活中實際運用的兒童發展知識、技巧和活動，透過拍影片或撰寫文章，在粉絲團上與爸媽們分享討論，許多家長覺得非常實用和貼切，但因為網路分享篇幅有限、只能提重點，所以開始萌生寫書的念頭，希望讓內容更完整清楚、更方便找尋資料，這是一本要「協助爸媽育兒」的工具書。

這本書將深奧的專業技巧，以淺顯易懂的方式說明如何運用在育兒生活中，包括：各月齡的發展與活動、引導寶寶學習的技巧、各階段的適齡玩具、簡單好玩的感覺統合遊戲、親子共讀技巧、懶人包、育兒溝通等等。爸媽可以先從孩子月齡的活動、作息、玩具開始閱讀，這樣不用一次讀全部，有充裕時間可以往下個月閱讀。不過，每個能力都是由易而難慢慢發展，通常會先具備前面月齡的能力再發展出後面的能力，當月能力沒有出現時，也可確認前面的基礎能力是否已經發展出來。

希望透過這本書，支持陪伴爸媽與孩子的育兒之路，找到適合彼此的方法，紓解遇到的困難。然而每個孩子的個性、興趣、喜好和發展狀況不同，書本能提供解決問題的方向，但要用什麼策略，還需要進一步觀察孩子，再依據判斷找出或調整成適合的方法。如果很努力了，孩子好像沒有改變，不要覺得自己做得不好，因為沒有人可以完全應付所有

事情，有需要就尋求兒童發展的支持服務、專業人員來協助你和孩子，若孩子真的有特殊狀況，也能及早把握黃金療育期。

最後，參與孩子的發展學習不只是提升能力，更重要的是過程中面對關卡時的親子互動、學習態度、問題解決能力等等收穫，爸媽在引導處理孩子的困難時，也正是孩子學習的模範，父母的身教與點滴灌溉都會成為孩子的養分、生命中的珍貴回憶！

圖表0-1，本書章節內容簡介

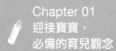Chapter 01 迎接寶寶， 必備的育兒觀念	當爸媽後壓力很大怎麼辦？跟長輩意見分歧怎麼辦？要怎麼跟隊友和長輩溝通？在這個章節，可以得到媽媽爸爸的角色與調適、分工的策略、如何增加家人參與育兒，以及和長輩協調和促進育兒技巧的分享。
Chapter 02 0～24個月， 陪寶寶一起學習	發展不用比較！請參考發展里程碑客觀了解發展進度，收錄7大領域：感官知覺、粗大動作、精細動作、生活自理、認知語言、社會互動的發展項目促進活動，並說明引導技巧，例如：翻身、用湯匙吃飯、開口說話等等。
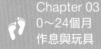Chapter 03 0～24個月 作息與玩具	協助爸爸媽媽在作息活動中就可以促進寶寶發展，以及選擇適齡的玩具，以提供滿足寶寶學習動機與發展促進。
Chapter 04 常見問題 Q&A總整理	針對育兒常見的困擾，例如：睡眠、吃飯、動作發展、親子共讀做了專題說明，其中生活自理訓練是職能治療師的專業，看似平常的生活能力，卻是人獨立的第一步。
Chapter 05 育兒懶人包	將專業資料、設計分析、經驗分享整理成表格，方便爸媽挑選適合孩子的用品，包括：安全座椅、新生兒用品準備、挑選爬行墊、第一支湯匙和碗的重點、如何選擇鞋子等等實用內容。

Chapter
01

迎接寶寶，
必備的育兒觀念

專業的知識╳一起分工合作

迎接新生兒，需要知道的事

養育孩子真的不容易，但是只要掌握正確的育兒觀念、參考客觀的知識，就能減少過程中的慌亂以及在錯誤中摸索的時間。爸爸媽媽在迎接新生兒的時候，除了要學習生理照顧的技巧、了解正常的發展表現，也得重新調適生活作息，面臨這樣的新挑戰和生活變動，身心難免承受巨大的壓力，造成情緒上較低落或易怒。除此之外，家人間因為世代育兒觀念與照顧方式的差異，需要花費心神溝通協調，往往也讓新手爸媽傷透腦筋。因此，除了實際的照顧工作之外，對於教養觀念、工作分配，也需要做討論準備。

在這個章節，要協助爸爸媽媽的重點內容是：

- 大部分新手媽媽所面臨的各種育兒壓力源和舒緩這些壓力的可能方式，以及如何運用技巧與家人進行育兒分工合作。
- 家庭中的重要成員「爸爸」，對孩子發展有無可取代的影響，所以也需要學習如何一起照顧孩子，可先從簡單的項目開始著手。
- 若請長輩支援照顧幼兒時，因為世代育兒觀念的差異，或是教養方法日新月異，認知落差在所難免，如何減少溝通時的不愉快，並適當使用溝通技巧、交流資訊來提升溝通的成功率。

以下從爸爸媽媽的壓力源列舉與對應建議，到如何與其他家人溝通的技巧，都以實證研究為基礎來提供資訊和建議，因為這些都是每天、長期要面對的事情，若家人們能分工合作、有一致的育兒共識、願意包容溝通的態度，會有較和樂的家庭氣氛，寶寶也會感受到大人的情緒和壓力，所以有快樂的爸爸媽媽，才有快樂的寶寶，彼此身心都會更健康，一起牽手走人生的路。

爸爸一起參與，對媽媽好對寶寶也好

寶寶出生了，辛苦懷胎的媽媽終於卸貨了，但是另一個新的大挑戰也到來了。為了孩子，媽媽大多傾盡全力付出，也請爸爸和其他家人，一起加入育兒行列，當媽媽的神隊友。

新手媽媽面對的育兒挑戰

女性人生最大的轉變或許不是結婚，而是生了孩子。當媽後的生活改變、育兒勞務、發展教育、職涯調整，都是極大的挑戰與壓力，又加上缺乏支持與理解、面臨生活慌忙、賀爾蒙產生的不適、夫妻衝突、親朋好友意見干擾等等，使得有些媽媽對自己的不知所措感到挫折和沮喪。

其實「媽媽」是一個新角色，女性在生活中原本就有多重角色切換著，如：女兒、妻子、媳婦、主管、職員等等，每個角色都有不同的任務和要學習的技能，要每個角色都勝任真的很不容易，所以當分身乏術或心力交瘁時，難免會有「自己好像不是個好媽媽」的感覺，生理和心理都面臨前所未有的衝擊。

根據研究統計，新手媽媽最大的壓力源為「生活變化」，包括：「嚴重睡眠不足」、「大量新增的育兒工作」，以及為了照顧小孩、離開職場，使得家庭與工作的重心重新分配，改變了原有和未來的生活。其他的壓力源還有：「擔心孩子的生理發展狀況」、「安全和意外發生」，若又未建立嬰兒規律的睡眠時間、面對不明原因的

大哭種種情形時，更讓媽媽產生不知如何照顧孩子的挫折感。而且為了滿足嬰兒的需求，往往投注許多精力及時間在其中，有時親友還會對孩子的照顧有不同看法，而產生衝突與意見不合。再者，撫養幼兒階段，除了基本開銷，再加上孩子日常所需的費用，可能會擔心家庭的經濟狀況是否能夠支撐。

而「身體變化」也會造成壓力，例如：身材變形、容易腰痠和哺乳問題。其中，容易腰痠可能是照顧寶寶時姿勢不當，加上身體無法好好休息放鬆，以及懷孕時，子宮增大壓迫到骨盆腔後壁組織和神經，所累積下來的不適感。而餵母乳也並不輕鬆、實際上非常辛苦，需忍受脹奶不適、餵乳疼痛、半夜餵奶的辛苦、擔心奶水不足等等，如果是職業婦女還有擠奶時機與保存的煩惱。

當媽後，為了照顧孩子和家人，犧牲了自己的飲食喜好、休閒時間、生活型態和自由，有時還會為了維持家庭和氣、壓抑不滿的情緒。若是職業婦女則要應付多重角色，包含：職員、主管、妻子、媽媽及家庭主婦。夫妻間也因此較少有獨處的機會，而減少關注對方，也影響和朋友聚會的時間。而在娘家和婆家間，根據統計，新手媽媽較常向母親求援，但婆婆的建議可能會產生壓力和被入侵的感覺，和其他家庭成員間也可能有權力不平衡與衝突產生。

媽媽的辛苦，不是說說而已

下表就是新手媽媽常見的 6 大壓力源和細節項目的研究統計，並依百分比排序，同時在表格的右方也提出參考處理方式。畢竟過多的壓力會影響身心健康、情緒狀態和家人互動，也會影響親子互動的氣氛與能量，所以媽媽們要留意自己的壓力狀況並紓解，才能有正向的能量、健康的身心來陪伴孩子成長和經營家庭生活。

圖表1-1，新手媽媽常見壓力源統計與建議處理方式

壓力來源	生活狀況	參考處理方式
生活變化 （24.1%）	睡眠不足（78.7%）	● 找尋支持系統、與老公討論家務育兒如何分工。
	新增大量育嬰工作（41.5%）	
	個人生涯重心調整與規劃（39%）	
母職工作 （21.3%）	擔心孩子的生理發展狀況（48.8%）	● 參考本書Chapter 02了解各項發展和作息安排。
	擔心孩子的安全或意外發生（48.8%）	
	所有時間與精力都給了孩子（36%）	
經濟 （18%）	孩子所需消耗品（71.3%）	● 申請相關生育補助&育兒津貼。 ● 挑選適齡實用的用品，錢花在刀口上。
	孩子醫療／保險費（42.7%）	
	保母費（20.7%）	
身體變化 （15.8%）	身材變形（56.1%）	● 參考P.38，避免彎腰的照顧姿勢。
	容易腰痠（44.5%）	
	哺乳問題（43.3%）	
自我認同 （13.4%）	犧牲自己的喜好與需求（58.5%）	● 參考P.18，夫妻合作分工的5個策略。
	應付多重角色（55.5%）	
	失去自己的生活和隱私空間（41.5%）	
關係 （7.4%）	朋友聚會減少（73.8%）	● 參考P.18，夫妻合作分工的5個策略。
	夫妻性生活減少（23.2%）	
	夫妻較少獨處或關係不睦（22.6%）	

參考資料來源：新手媽媽壓力源、壓力因應策略與壓力反應之調查研究。

辛苦的媽媽請記得休息一下

　　新手媽媽面對這些壓力，可能的處理方式主要有 2 大類：「情緒紓解」和「問題解決」。又因為生理和情緒狀態會影響新手媽媽處理壓力，尤其睡眠不足、身心疲勞時，「情緒紓解」對許多媽媽來說，反而是非常重要的方式。

● 情緒紓解：尋求媽媽團體與專業人士的支持，減少困擾

　　在新手媽媽的過渡時期，被具有相同經驗的同儕團體接受、同理，或與能體諒並關心的人傾訴、分享經驗，是處理壓力的重要策略。尤其在孩子出生到 1 歲的這個階段，新手媽媽們非常的疲勞，需要情感上和實質上的幫助，例如：分享孩子發展的經驗、專業的衛教資訊，以減輕餵食、分離、生病及經濟上跟孩子有關的焦慮及擔心。

● 問題解決：尋求問題解決方法，直接處理壓力源。

　　要解決照顧小孩的問題，當然需要充實育兒知識，透過學習來提升育兒能力。主動尋求育嬰資源、支持系統，如：家人、朋友、新的支持者，也是很好的方法。另外，也需要學習掌握新生兒個別習性、協調家人以達到育兒共識，需要時可以舉行家庭會議（與先生溝通、角色重新安排）。

　　新手媽媽大多數的支持來源為老公，如果老公能一起合作分擔家務、育兒等等工作，將有助於降低新手媽媽的壓力；過程中，老公若能給予老婆愛與關懷，長輩能用同理心來協助新手媽媽們，並給予過來人經驗的分享，能協助新手媽媽更快上手。最後，進行時間管理也是很重要的功課喔！

爸爸一起共同參與育兒

隨著時代變遷、兩性平權，女性角色拓展至職場上，同時男性也新增了家庭職務方面的角色。從前是大家庭，縱使媽媽忙不過來，仍有其他親屬看顧孩子，故爸爸大多「選擇性」參與育兒。但是現在，家庭型態多為小家庭，通常沒有後援，照顧孩子的工作全落在父母身上，這時，育兒就需要分工了。但「當爸爸」所帶來的心理衝擊和生活調適，可說是男性生命中的重大經驗，也會面臨親職壓力需要調適，例如：作息受到影響、迫使改變生活習慣、覺得孩子很難照顧等等，雖然目前研究爸爸壓力的文獻較少，不過隨著爸爸參與育兒的情形逐漸增加，未來可能會有更多討論與方法。以下分享研究統計出爸爸的前 2 大育兒壓力和可能因應的方法：

圖表1-2，爸爸的育兒壓力統計與可能的因應方式

	壓力原因說明	可能的因應方式
生活調適	工作、生活作息受到影響；迫使其改變生活習慣。被為人父母的責任牽絆，無法做自己喜歡的事。	討論照顧小孩與放風的時間分配，視情況晚上輪流照顧孩子，以免兩人都太累。
親子互動	發現自己與孩子的關係、溝通不佳；覺得孩子要求很多、很難照顧；因孩子的行為而困擾；有時候還會有力不從心的感覺。	事先做功課、閱讀育兒書籍等資料。尋求老婆的支持與技巧分享。多練習後，爸爸也可以是很好的照顧者。

傳統男性不願意參與育兒的原因，大致跟父權制度裡男主外、女主內的意識型態有關。因從小接受刻板的性別角色教養，使得大部分男性從小失去家事的參與機會，造成對家事的陌生、不知道該怎麼做家事，甚至有無法勝任的刻板印象。而在親子關係上，傳統父親與兒女的相處機會本來就不多，加上傳統觀念裡的嚴父角色，更使父親與子女間的距離加大，造成與子女的疏離，因此缺乏親子互動的經驗與學習機會。

　　但是爸媽是最早建立孩子價值觀、生活習慣的對象，爸媽的參與對孩子成長有極大的影響，而爸爸對孩子的發展也是無可取代的，例如：性別角色的認同、性別角色的示範、道德發展、成就與智力發展、社會能力、心理調適等等，以及對親子關係、夫妻關係，甚至對爸爸本身都有影響，爸爸參與育兒可是好處多多喔！

圖表1-3，爸爸參與育兒的好處

道德發展 與 自我控制	● 男孩的道德良知影響來自爸爸，男孩對爸爸的認同度愈高，道德良知愈高。 ● 爸爸的參與度愈高，孩子較能從內在控制自己，也較能為自己的行為負責。
控制情緒 的穩定性	● 孩子與爸爸的良好互動，能促進孩子基本的社交和情緒能力。 ● 爸爸較常和孩子玩扭打、玩身體遊戲，如：肢體互動、翻滾遊戲，可讓男孩學習控制攻擊性。
認知的 發展	● 爸爸參與教養孩子較多，孩子在認知發展上會較好（特別是男孩）。 ● 爸爸對男孩有教育方面的教導，可讓男孩的認知與工作表現較好。

社會化 心理健康	● 爸爸的關懷，有利孩子在面對失敗或負向事件的想法，影響力還略高於母親的關懷。
增進 多元能力	● 爸媽對孩子的社會互動能力深具影響力，性情較溫暖及態度較接納的爸媽，孩子會傾向擁有較強的社交能力。 ● 孩子看到爸媽對家事分工合作，從中體會性別平等，也能成為模範延續至下一代。

　　根據研究，孩子期待爸爸能一起專心投入參與遊戲、活動、學業，也期待爸爸除了理性管教，也能在需要情緒支持時給予溫暖的回應。而對於新手媽媽來說，老公若能給予孩子愛與關懷，能協助新手媽媽更順利上手，使老婆有能量得以繼續面對繁瑣累人的照顧工作和種種困難，能預防產後憂鬱和減低照顧寶寶的壓力。

　　爸爸也可以透過知識學習、經驗分享，來增加自己育兒的能力，夫妻一起同心協力來克服困難。以下是爸爸可以學習的技能：

圖表1-4，爸爸可以學習的育兒技能

照顧孩子的能力	● 學習如何有效率地做家事，如：煮飯、洗衣、掃地等等。 ● 學習如何照顧孩子的日常生活起居，如：洗澡、換尿布、餵奶、餵飯。 ● 知道如何陪孩子玩。
教養孩子的能力	● 學習育兒發展知識。 ● 學習兒童管教技巧：設定生活常規，引導孩子的行為。 ● 懂得孩子的需求：了解孩子行為的目的、哭的原因
情感表達 與溝通能力	● 能感覺寶寶的心情，能對寶寶表達愛和情感。 ● 知道如何安撫孩子的情緒、如何與孩子溝通。 ● 與孩子建立良好互動關係。

夫妻合作分工的5個策略

　　育兒工作大致可分為下列的 3 個部分：育兒勞務、教育孩子與親子互動。還不包括其他一般家事和家庭經濟維持，如果全部工作由一個人負責，壓力非常大，長期下來會影響身心健康。因此，夫妻可以討論如何合作或分工，重點就是要同心協力、溝通協調、相互支援，取得家庭分工的共識、達到較佳的效能，並記得對方的付出，感謝彼此對家庭的用心。

圖表1-5，育兒工作任務參考表

育兒勞務	
☐ 泡牛奶　　☐ 準備食物　　☐ 負責餵食	
☐ 幫小孩洗澡　☐ 幫小孩換尿布　☐ 幫小孩穿衣服	
☐ 收拾整理活動區　☐ 帶孩子睡覺　☐ 半夜起來照顧孩子	
☐ 購買孩子日常生活用品　☐ 孩子生病時，帶孩子去看醫生	
☐ 接送孩子（如：去保母家）	

育兒勞務
- ☐ 泡牛奶　☐ 準備食物　☐ 負責餵食
- ☐ 幫小孩洗澡　☐ 幫小孩換尿布　☐ 幫小孩穿衣服
- ☐ 收拾整理活動區　☐ 帶孩子睡覺　☐ 半夜起來照顧孩子
- ☐ 購買孩子日常生活用品　☐ 孩子生病時，帶孩子去看醫生
- ☐ 接送孩子（如：去保母家）

教育孩子
- ☐ 規劃孩子的活動與學習　☐ 教小孩學習新的事物
- ☐ 協助孩子解決問題　☐ 協助孩子處理情緒
- ☐ 和孩子生活中相關的人溝通（如：保母、祖父母、學校老師）
- ☐ 為孩子的發展找尋社會資源，並提供給孩子
- ☐ 教導孩子做人做事的道理　☐ 以身作則提供孩子行為模範
- ☐ 協助孩子建立生活常規　☐ 處理孩子不當行為

親子互動
- ☐ 關心並回應孩子的需求　☐ 傾聽、參與孩子的談話
- ☐ 與孩子一起從事休閒活動　☐ 陪孩子玩玩具
- ☐ 陪孩子玩大動作身體遊戲　☐ 帶小孩外出活動
- ☐ 陪孩子説故事　☐ 以肢體語言和孩子親近　☐ 表達對孩子的愛

　　育兒勞務通常會採取「分工」，教育孩子和親子互動則是一起努力「合作」。但每個家庭狀況不同，能達到平衡、有共識即可。如果剛開始要慢慢培養共同參與育兒的話，可掌握：由簡而難、支持鼓勵、偶爾放手等等方式。

STEP 1　先從簡單的來

　　先從較容易上手的親子互動開始，例如：陪孩子玩、說故事。

STEP 2　陪伴協助、增加成功率

　　可以分享示範照顧和互動的經驗和技巧，讓對方藉由模仿來學習育兒、掌握細節技巧。例如：示範如何包尿布、黏貼的技巧，然後陪伴對方操作一次。

STEP 3　肯定嘗試的心，並找出做得好的地方給予讚美

　　新手通常會緊張或擔心自己做不好，常遇挫折就可能不願意再嘗試，可以儘量肯定對方「願意嘗試的心」，回饋過程中孩子的反應，讓參與的經驗中有正向回饋、增加信心，會更有意願持續進行。例如：幫忙餵食孩子，雖然灑很多出來，但是有成功送入孩子口中，可以先忽略髒亂的部分，讚美對方：「有餵成功耶！寶寶有吃到喔！」然後看氣氛再分享怎麼餵比較不會灑出來。

STEP 4　表達謝意和感情

　　夫妻雙方都需要情感支持，記得感謝彼此的付出與努力，也為了過程中的衝突互相道歉，並可以教導孩子表達感謝，讓感情更融洽。例如：雖然寶寶可能還不會表達謝謝，但媽媽可以代替寶寶向

換尿布的爸爸說：「謝謝爸爸換尿布，屁屁變乾淨了。」當媽媽準備副食品給寶寶吃，爸爸可以幫寶寶對媽媽說：「謝謝媽媽煮飯給我吃！」當聽到這樣的感謝，辛苦通常會被療癒了。寶寶會說話之後，也記得持續教寶寶說謝謝（爸媽經常說謝謝，寶寶也會潛移默化學起來）。

STEP 5 偶爾放手，每個人互動方式不同

不同角色和孩子的玩法和互動不盡相同，在不違反「約定好的常規」和「不具危險性」的原則下，讓孩子能接觸到多元的互動方式，是很好的學習經驗，例如：爸爸通常會和孩子玩比較大動作、跑跳、刺激的活動，如果沒有安全疑慮，就不要太干涉了吧！

與長輩協調育兒方式的策略與溝通技巧

不同世代的教養觀念與生活習慣不同，可能會產生意見分歧或衝突，尤其是與長輩同住或住在附近時，長輩可能會常常介入爸媽的育兒方式，而造成極大的壓力。在與長輩的溝通互動上，可以採取先「感謝、尊重」再「溝通」：感謝長輩們的關心、感謝長輩們的付出、尊重長輩們的表達，然後再適時分享最新的育兒資訊，這樣來慢慢達成育兒共識，溝通的角色可以優先請老公出面，畢竟原生家庭的關係比較緊密，如果真的有衝突也比較好化解。

策略 1 先感謝及肯定阿公阿嬤的關心與付出

我們年輕人帶小孩都覺得辛苦了，將心比心，阿公阿嬤年紀大了，體力和反應可能不比年輕時，甚至身體可能也有病痛或不適，

但為了分擔孩子們的辛勞而幫忙帶孫子，是非常難能可貴的，雖然可能有些觀念是照著以往帶自己孩子的方式（他們覺得以前這樣帶沒有問題，現在應該也是），但愛孩子的心不減，只是因為社會進步了，做法調整了，阿公阿嬤那麼久沒帶孩子，觀念沒有跟上也情有可原，不代表他們不願意更新，只是需要有機會去了解新做法。如果長輩不是幫忙帶孩子，而是在旁建議、分享要怎麼帶，要是方法不適當，但又不知道怎麼回應比較不會起衝突，可嘗試回應：「謝謝○○的分享和關心。」表達感謝不一定代表認同，但可禮貌地結束對話。

策略 2 跟長輩聊聊育兒經、了解後再分享現在的方法

長輩建議或分享的育兒方式可能跟現在不同了，長輩也許沒有察覺或去仔細思考原本的育兒方式是不是有疑慮？假如彼此關係是能進一步聊聊，可以問問看長輩：「那時候是誰建議要這麼做？」「這麼做的原因是什麼？」「原來那時候這麼做是因為這樣呀！」然後可以藉著話題，順勢提到：「現在醫院建議跟以前好像不太一樣了！」「上媽媽教室的時候，他們是這樣教我的！」「我也是醫師叮嚀我要這麼做的，好像時代進步，醫師的建議也不一樣了！」傳達出：我這麼做不是因為個人想法、憑自己感覺，而是專業人員提供的資訊，讓育兒方法不同的原因是時代進步、醫療資訊更新了等等外在客觀因素。

策略 3 轉發新聞或專家文章，讓長輩接觸新知識

因為輩分的關係，兒女的提醒或建議，長輩可能會特別感到被冒犯、被嫌棄、不受尊重，所以接受度較低，甚至會有情緒。但透

過第三方客觀立場或專家來講，比較像是吸收新知識的感覺，反而較容易聽得進去。所以，可以搜尋現成的新聞或專家文章，或一些比較會被在意的影片或照片，例如：沒有坐汽座的車禍新聞、得到腸病毒的手腳照片，讓長輩能意識到事情的嚴重性，而去改變觀念和做法。或者打預防針、看醫生時，讓專業人員向長輩宣導溝通。

策略 4 隊友是溝通的橋梁

畢竟自己的爸媽比較好說話，上述 3 點策略，可優先由隊友出面溝通，如果隊友不知道要怎麼說，可以一起討論，想好要怎麼說，兩人模擬一下對話，例如：長輩會整天無限量餵食點心、水果，影響到正餐，可以試著這樣說：「寶寶胃排空至少要 3 小時，這樣正餐才有食欲，正餐比較營養才能幫助長大，所以如果 6 點要吃晚餐，3 點後就不要給點心、水果，3 點前可以吃喔！」讓長輩先理解限制的原因，然後提供長輩明確的時間點、可以餵食的時間，因為完全限制有時會演變成偷偷餵、不告訴爸爸媽媽，這樣反而更難掌握孩子吃飯的狀況。

策略 5 新的觀念需要時間更新

長輩帶了數個孩子，原先的育兒方式已經變成習慣或是長期記憶，新的資訊可能沒接觸到、正在接觸或處在短期記憶而已，一時之間要完全調整過來也不太容易，可以用提醒的方式來幫助加深記憶，例如：長輩在 4 點時要餵孩子吃水果，這時可提醒 3 點後吃水果，會影響晚餐時間的食欲，這樣會吃不好、營養不均衡喔！水果可等吃過晚餐再吃喔！長輩要幫寶寶加衣服，但寶寶已熱出疹子，可讓長輩看孩子的疹子，提醒現在有空調，沒有以前那麼冷了。

和長輩溝通的回應小技巧

如果是白天或平日完全讓公婆帶，只有晚上或假日自己帶，對長輩的要求和標準可能要拿捏一下或降低，不過危及健康或安全的部分仍要堅持，而其它較細節或複雜的吃飯、建立常規等等，阿公阿嬤面對孫子不一定能做得到，需要爸媽自己帶的時候先帶孩子練習，孩子有基本學習經驗，帶領的方式也能成功，再向長輩分享目前可以練習到什麼程度，有時候需要實際示範一次怎麼帶，讓長輩看到孩子能力的可能性，以及具體的引導細節。

畢竟長輩不像保母受過完整的幼兒保育訓練，要引導幼兒也是需要學習的，例如：寶寶 1 歲了，長輩仍抱著寶寶餵食，但爸媽帶的時候，寶寶是可以坐餐椅用餐，那就可以準備好餐椅、適合的餐具，示範給長輩看看寶寶如何在餐椅吃飯，並以關心的口吻說：「這樣坐餐椅吃，您們比較不會累，帶寶寶吃飯可以更輕鬆，寶寶坐在餐椅也可以比較專心、不會跑來跑去，還能學習自己吃飯。」這樣使用餐椅的原因不僅是為了孩子，也是關心爸媽身體負荷。

以下整理幾個和長輩一起帶孩子的過程中，常見的意見不同之處，將長輩想法與建議的回應方法並列，供大家參考。

長輩的想法　VS　參考回應

長輩的想法

有一種冷是「長輩覺得冷」，長輩擔心寶寶小，冷到會感冒生病，加上認為手腳是涼的就是穿不夠暖。也可能認為：「包緊緊才不會嚇到、才睡得好」，所以一直把寶寶包起來。

那個年代較無空調設備，所以只能用穿衣服來禦寒，長輩小時候可能物資缺乏被冷過，所以特別在意衣服夠不夠暖。除了一直要幫寶寶加衣服，也可能會叮嚀大人要穿多一點。

穿過多的衣服

參考回應

首先感謝長輩的關心，然後找衛教文章搭配示範如何確認寶寶穿得夠不夠：摸頸後或背部若是溫暖舒適就是穿得夠；如果有發燙感、出汗濕濕的，就代表衣服穿太多了。寶寶手腳冰冷是因為新生兒的血液量少、末梢循環差，加上手腳活動量大，導致體溫散失較快。

或讓長輩看孩子的疹子，寶寶已經熱到起疹子很不舒服，會影響睡眠和情緒。而預防感冒最重要的不是穿得多，而是要提升免疫力。

長輩的想法

長輩通常疼寵孫子，擔心孫子沒吃飽，想給孫子吃他喜歡吃或他覺得好吃的零食。但爸媽可能會擔心零食有太多添加物，或者會影響到正餐的食欲。

吃過多或不適合的食物

參考回應

找零食負面影響的新聞或文章給長輩看，同時準備好或建議適合的點心，如：水果、手指食物。這樣就可滿足長輩疼孫的心，也避免寶寶吃過多不適合的零食。

長輩的想法

長輩認為大人的藥劑量減半就可以讓小孩用了；外用藥擦少一點就沒關係，這個很天然、人家說很好用，可以給他擦（但是找不到任何成分標示、用途），認為這樣是安全的。

以往缺乏適合兒童服用之藥品，會將成人服用之藥丸磨粉分包給兒童服用，但小兒劑量不易計算，可能會導致用藥錯誤。

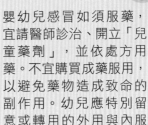

拿家中現成的藥物給寶寶用

參考回應

嬰幼兒感冒如須服藥，宜請醫師診治、開立「兒童藥劑」，並依處方用藥。不宜購買成藥服用，以避免藥物造成致命的副作用。幼兒應特別留意或轉用的外用與內服藥物成分：

外用：薄荷腦（Menthol）、樟腦（Camphor）、水楊酸甲酯／冬綠油（Mrthyl Salicylate）。
內服：阿斯匹靈（Aspirin）與其他水楊酸製劑退燒、可待因（Codeine）、苯佐卡因（Benzocaine）。

長輩的想法

捨不得孩子哭，或心存僥倖而把孩子抱在懷裡，認為只要開慢一點就好，才短短的路不會有危險。

不坐安全座椅

參考回應

找沒有坐安全座椅的車禍新聞，以及有坐汽車安全座椅所以小孩沒事的新聞，並告知沒坐汽座會被開罰單 1,500 ～ 3,000 元的資訊。

※生命安全問題，一定要堅持！

長輩的想法

長輩的年代可能有要喝葡萄糖水的說法,甚至有喝奶粉較好的觀念(現在是推廣母乳),所以當時養小孩有餵葡萄糖水,長輩覺得幾個小孩這麼喝都沒事,所以孫子也可以這麼喝。

※葡萄糖水通常使用在低血糖時,並需由醫師建議。

要求寶寶喝水、喝葡萄糖水

參考回應

謝謝長輩分享經驗,然後聊一聊:這個資訊怎麼來的?喝葡萄糖水有什麼好處?然後分享衛教文章:一般正常喝奶,水分就會足夠,不需額外補充水,如果水喝太多,可能會水中毒。而且喝太多水,可能會減少奶量,反而營養不足。但若只是喝完奶喝一口水漱口,還算允許。

長輩的想法

長輩說寶寶滿月後要開始戒尿布、要幫他把尿,並分享小時候都是這樣幫你們戒尿布,或者說鄰居的孩子多小就戒了。

催促要幫寶寶把尿

參考回應

找把尿的姿勢可能會造成脊椎傷害和髖關節脫臼的文章分享,且等孩子生理成熟和有表達能力後,訓練較易成功。

　　以上提供給大家參考,畢竟每個家庭都不同,要改變人本來就是很困難的,不一定都能溝通成功,但至少我們盡所能去努力了。要是問題真的很困擾,就再找其他辦法,有些人會選擇自己帶或找其他托育服務,但這也牽涉到經濟能力是否允許,需要夫妻討論評估來決定。

讓長輩帶孩子做活動的3個小技巧

第1招 準備好適齡、孩子有興趣的玩具、物品、書、音樂

玩具可以多準備 3 ～ 5 個，並且定期輪替，讓長輩陪孩子玩，如果長輩不知道怎麼玩，爸媽可以示範帶孩子玩一次，示範目的在於讓長輩有基本活動雛形，但不一定要完全模仿。後續長輩如果使用了其他玩法也沒關係，先增加玩具操作的時間即可。

第2招 將適合孩子的發展活動、副食品參考表列出貼在冰箱

貼冰箱備忘錄不只讓長輩參考，也適合所有照顧者使用。在忙碌的育兒生活中，備忘錄或列表能提供安排活動和副食品的方向、也可節省想活動、想菜色的時間，如果文字不易理解、可以加上活動圖片。貼冰箱的原因是：冰箱是每天幾乎都會接觸的地方，能增加看到的機會，不須口頭上一直提醒要去看冰箱或照著做。

第3招 分享記錄孩子成長的影片

如果長輩會使用手機的拍照或錄影功能，可以請長輩協助拍照記錄孩子的成長過程，例如：玩玩具、爬、站、走路，爸媽也可以跟長輩分享自己帶孩子時的活動狀況，有時候長輩需要看到才會相信阿孫已經會做這些事情，避免以為阿孫還不會而過度代勞。

0～24個月，
陪寶寶一起學習

每月發展指標╳引導練習技巧

□ 開心的學習氣氛最重要

□ 了解各階段的發展重點

□ 觀察孩子並找到適合方法

□ 有趣的日常學習活動範例

□ 促進寶寶發展的引導技巧

開始認識寶寶的發展之前......

寶寶從媽媽的肚子出生後，開始認識和適應環境中的刺激，解讀爸媽的表情與互動，發現手腳並練習動作。每個活動對寶寶都是既新鮮又陌生、緊張又期待，而爸媽就像導遊，安排適合的行程，透過講解和示範，陪伴寶寶學會各種技能。

在這個章節中，可獲得下列資訊：

- 各月齡「重點發展項目」和「發展區間」，包括 7 大領域：感官知覺、粗大動作、精細動作、生活自理、認知語言、社會互動。
- 各月齡中常見、較難練習的發展項目的帶領練習技巧說明，例如：5 ～ 8 個月的翻身、7 ～ 9 個月爬行、12 ～ 16 個月放手走。
- 日常生活中就可進行的發展促進活動，例如：用日常物品促進寶寶認知能力、在哪些情境帶寶寶練習說話更容易成功等等。

每個月列出的「參考發展里程碑」，包括：「純觀察」項目和「可觀察和練習」項目，也就是這些項目不一定都需要練習，但要提供情境好觀察寶寶反應。例如：6 個月的項目中有「重複發出剛被他人模仿的聲音 [3 ～ 9M]」，這個就是純觀察項目，但需要大人去模仿孩子剛發出的聲音，觀察寶寶會不會一來一往重複。

而重要練習項目，在發展里程碑中以「黃框」標示，並進一步深入說明，讓爸媽了解該技能的意義和引導技巧，再依據寶寶個別狀況，挑選適合的練習方式。而每個練習活動，會有活動說明和注意事項，在安全無虞的情形下，逐步陪伴寶寶練習即可。發展仍有個別差異，只要在標示的 [X ～ XM] 發展區間內，發展出該技能，就不用太過擔心。而早產兒寶寶在 3 歲前請使用「矯正年齡」來

參考用發展里程碑示意圖

♥ 感官知覺	追視眼前掉落的物品[6～12M]
✋ 粗大動作	不須扶持可以坐穩[6～9M]
✋ 精細動作	拉開在自己臉上的手帕[6～8M]
(◦) 認知能力	能轉向人聲[4～7M]
💬 語言能力	重複發出剛被他人模仿的聲音[3～9M]
👍 生活自理	自己拿餅乾吃[5～7M]
☺ 社會適應	餵他吃時，會張口或動作表示要吃[6～12M]

評估發展、生長曲線、副食品添加等等相關事項。

　　[X ～ XM] 的發展區間，標示在每個項目的後方，表示 90%的孩子在此月齡區間會發展出該能力，若超過區間仍未觀察到，建議尋求專業評估找出原因，詢問引導建議。另外，也有寶寶會跳過某些項目直接往後面月份的能力發展，這不一定是異常，但該項目若是重要技能，建議還是要引導練習，如：寶寶很少爬行，直接扶物走來移動，但因為爬行不只是移動而已，更可促進肌力、協調和感覺經驗，對之後動作發展是非常重要的基礎。就不建議跳過爬行。但像「高興時可能會尖叫」，列出來是因為要讓家長了解尖叫在這時期是一種發展表現，不須歸類於問題行為。不過，若孩子高興不是用尖叫來表現，但會用其他方式表現，這也算是正常發展。

讓寶寶帶著安全感，接觸新世界

寶寶從媽媽溫暖包覆的子宮出生後，面臨完全陌生的世界、不再恆溫的環境、不再一直跟著媽媽移動等等的改變，都會讓寶寶焦慮，且需要時間適應。而滿足寶寶需求的照顧者，會提供安全感和舒適的環境，所以寶寶會依附照顧者，是一種生存本能。不過除了主要照顧者，隊友也要一起參與育兒，彼此輪流照顧，讓對方有適當喘息的機會喔！

1個月寶寶，從認識彼此開始

新生兒的第 1 個月，爸媽要先上手的不是各項發展的促進，而是要先了解和穩定寶寶的「飲食（喝奶）」和「睡眠」。因為生理穩定的寶寶，才有精神和體力學習。奶量的部分，雖然有參考的計算公式，但是每個寶寶食量不同，不用太過執著計算奶量（而餵母乳也無法計算），但可以觀察寶寶的尋乳反應、一天的尿布量、大便狀況和體重變化，來確認寶寶有無攝取適量的奶量。

● 尿布量：第 6 天後，1 天約換 5～6 次尿布，尿布很濕且重。

● 體重：使用兒童健康手冊中生長發育曲線圖，來觀察身高、體重的變化，不必和別人比較，如果體重往下掉則要留意。

而寶寶在學會使用肢體動作和口語溝通之前，主要用「哭」來表達自己的需求，包括：生理、心理、病理方面（如：餓了、太冷、太熱、累了、環境壓力等等），需要照顧者慢慢地、有耐心地了解。所以，一開始因為不了解寶寶而手足無措是常見的，因為我們也是剛跟寶寶見面，需要時間來認識彼此，之後會漸漸理解他的需求、找到一些規律，而減少挫折感。

　　另外，剛出生的嬰兒會有原始反射，未出現或太晚消失都需要留意，例如：碰觸 1 個月寶寶的手掌會出現抓握反射，如果沒有出現且全身異常的柔軟，則要注意是否有肌肉張力過低的狀況；反之，抓握反射在 3 個月後會逐漸消失，如果一直沒有消失，一直呈現緊握的狀態，甚至全身過度緊繃，則要留意張力過高的狀況。若觀察發展有任何疑慮，都可在打預防針時，請教醫師。

圖表2-1，1個月的參考發展里程碑

♥ 感官知覺	出現巨大聲音，會有驚嚇反應 [0～6M]
💪 粗大動作	躺姿時，頭能維持正中[0～3M]
👆 精細動作	抓握反射[0～3M]
((◦)) 認知語言	用哭來表示生理需求[0～6M]
👍 生活自理	吸奶吸得很順，吸奶和換氣可以協調[0～3M]
☺ 社會適應	注意別人的臉[0～1M]

曼曼老師小教室

● 肌肉張力是什麼？

肌肉張力好比肌肉的彈性程度（不是力氣大小）。正常下，肌肉張力程度會因應要進行活動而調整，如果張力異常（過高或過低），就會影響肌肉做動作或姿勢。例如：肌肉張力低的孩子，躺著時手腳較常伸直打開且少動，比較少玩手手，抬頭的動作通常比較晚出現。

原始反射觀察
關鍵：留意反射動作，並在適當時間消失。

　　寶寶剛出生時動作和神經系統尚未成熟，這時會有內建的「原始反射」，讓寶寶生存率提高，例如：尋乳反射是為了尋找食物；驚嚇反射是為了保護自己。隨著大腦和動作的成熟，原始反射會逐漸消失，取而代之的是自主的動作。以下列出幾個出生就有的原始反射，不須刻意測試，日常觀察即可。

驚嚇反射

目的：保護自己　消失時間：3～6個月

當有巨大聲響或讓寶寶躺下時速度太快，寶寶會迅速將手臂向外張開，然後會拱起背向前抱住。每個寶寶敏感度不同，有的一點點刺激就出現，有的反應強度不大；但若出現巨大聲音也沒反應，就要留意聽力。若只有單側有動作、持續性不停、非外界刺激才產生等等，則需要請教醫師。

吸吮反射

目的：吸收養分　消失時間：3～6個月

當媽媽乳頭、手指或物品放入寶寶口中，會出現吸吮的動作。當4～6個月開始吃副食品時，吸吮反射會逐漸淡化，隨著練習轉化為咀嚼，不再只用吸的方式來進食。

尋乳反射

目的：尋找食物　消失時間：3～6個月

當有物體碰觸到寶寶的嘴角，會轉向物體來源。飢餓時會比較明顯；吃飽了、睡熟了就不明顯。

抓握反射

目的：保護自己　消失時間：3～6個月

當物體碰觸到寶寶手掌，會自動抓緊，若沒有出現要留意寶寶對觸覺的反應；6個月後若仍未消失，會影響手部動作練習，也應留意是否有其他狀況造成寶寶無法自主張開手，例如：張力過高。

張力性頸部反射

目的：探索環境　消失時間：4～6個月

躺著時，當寶寶頭轉向右邊，右手臂會主動伸直，左手臂會彎曲，好像拉弓的姿勢，反之轉左側亦然。在寶寶動作控制尚未成熟前，他轉頭看右邊的東西，右手就會伸直，增加觸碰物品的機會。超過4～6個月未消失，會影響粗大動作發展。

> **曼曼老師小提醒**
>
> 若原始反射未適時消失或影響到該階段的動作練習，則要尋求醫師確認。前頁表列的時間較寬鬆，發展較快的寶寶約3～4個月就會消失。

0～3個月

4～6個月

7～9個月

10～12個月

13～15個月

16～18個月

19～21個月

22～24個月

寶寶可以直立抱嗎？

關鍵：以支撐較多的抱法為優先。

　　新生兒的身體較柔軟，有些人會擔心受傷或不確定怎麼抱才安全，而不敢抱。其實抱姿有分很多種，原則上寶寶愈小、尚未有力氣前，頭部、頸部和身體需要愈多支撐。然後，抱的人用「近端肢體」出力會較省力且不易受傷（靠近軀幹的是近端肢體，像是手臂和大腿，遠端肢體像是小腿和手掌）。不同抱姿能帶給寶寶不同感覺、不同視角、看到不同東西，這也是有些寶寶喜歡變換抱的姿勢、或是豎抱才會安靜下來的原因。

支撐較多的抱法

橫抱

對象：新生兒

大人儘量靠近嬰兒後，一手先托起寶寶頭頸，一手臂從下方伸入，讓寶寶的頭頸支撐在手臂的彎曲處，然後另一手托在寶寶的臀部，並讓寶寶儘量靠近大人的身體。

≋ 優先使用 ≋

豎抱

對象：橫抱會哭、喜歡直立抱的寶寶

寶寶貼著大人胸口或趴在肩膀，頭側一邊保持呼吸順暢，一手支持寶寶的頭頸背，一手支撐屁股，確保頭、頸、脊椎呈直線狀（非指與地面垂直）。

≋ 不宜過久 ≋

抱過肩

對象：寶寶頭頸有力後

年齡較大、脖頸有力的嬰兒，喜歡被抱在成人的肩膀上，將寶寶面向胸部，讓寶寶的手臂放在肩膀上。

缺乏支撐的抱法

爸媽們最擔心的就是：寶寶頭頸還軟軟的是不是不能直立抱？其實，關鍵在於有沒有提供良好支撐並維持正確姿勢，如果沒有良好支撐和依靠可能會讓頸部受傷。以下是缺乏支撐的抱法：

側面抱

手沒有支撐寶寶頭頸部，只托著臀部。雖然寶寶安穩趴著，若有突然動作或驚嚇反應，造成往後或側邊倒。

懷裡立抱

手沒有支撐寶寶頭頸，用手支撐胸腹，大人易受傷，且寶寶若頭歪斜，也沒有額外的手可扶寶寶。

正面立抱

手沒有支撐寶寶頭頸部，胸腹用手支撐大人容易受傷，且如果寶寶頭歪斜，也沒有手可扶寶寶。

以上為直立抱說明，若有不確定或擔心，請先以支撐多的橫抱，待寶寶頭頸有力後再換抱姿，原則上 3 個月後頭頸會逐漸有力。

抱寶寶以蹲下取代彎腰

　　照顧時，還有一個重點是「避免彎腰」。通常彎腰會發生在我們抱起位於床面的寶寶或拿取低位置的物品時，但其實腰部肌肉並不有力，如果經常用腰部的動作來使力，很容易會使肌肉受傷或痠痛。所以建議使用比較有力氣的「腿部肌肉」，以「蹲低」的動作來取代「彎腰」的習慣。

　　此外，我們有時會不自覺以彎腰的姿勢做事，例如：換尿布，雖然不是搬重物但也會持續一段時間、每天會發生數次，重複下來會對腰部產生傷害，如果空間允許，可採取坐姿換尿布，這樣就可以避免彎腰。另外使用加高尿布台也可以避免彎腰，目的是讓照顧者在較佳的姿勢照顧寶寶。

抱起的較佳姿勢

在寶寶還不會翻身和移動前，可以先將床面調高至照顧者不會過度彎腰的高度，搭配蹲姿下，將寶寶抱至手臂。要是床面太低，照顧者要彎腰較多，也因為比較遠而一開始用手掌托再移到手臂，這樣很快就會出現腰部痠痛和媽媽手。

用腰出力抱起很容易受傷

以蹲姿取代彎腰

照護時的較佳姿勢

如果是在大人床鋪照護寶寶，也要留意不要經常彎腰，可以放張椅子坐在床邊減少彎腰的程度。

維持彎腰姿勢太久易痠痛　　　　　坐姿取代彎腰

※ 圖片僅姿勢示意圖，實際床面為雙人床、嬰兒床圍欄平時裝上。
※ 可使用護腰和護腕來提醒自己，維持正確姿勢。

ʤ
精細動作

每天看看寶寶手掌與關節狀況
★ 關鍵：勿長時間戴手套，確認關節活動順暢。

大人可能因為寶寶經常抓傷自己而替孩子戴手套，但要避免長時間、整天戴著手套，這樣會限制寶寶探索和手部感覺經驗。建議可在大人陪伴下進行活動或遊戲時，手套拿下來，讓寶寶可以看到自己的手、用手碰觸物品。每天需要打開看看寶寶的手掌狀態，例如：清潔手裡的棉絮和汗水、觀察手掌的皮膚狀況、或幫寶寶做按摩。此外，還要留意大拇指關節活動狀況，是否可以緩慢輕柔的幫他伸直，如果3～4個月大，抓握反射消失後，大拇指仍無法伸直、卡住或感覺變形，建議尋求醫師確認是否有關節或肌肉問題。

解讀寶寶哭聲的3大重要功能

★關鍵：累積經驗，了解寶寶哭的原因。

「哭」是寶寶第一個「表達溝通」方式，哭聲宏亮度也可作為健康狀況與肺功能的指標之一。大人聽到哭聲會感到焦慮是本能反應，目的是讓你去注意並處理，所以，如果聽到哭聲會焦慮，不表示你不愛孩子，反之你的內心可能是積極地想了解孩子的需求。一開始要分辨孩子每次「哭的原因」並不容易，但隨著相處時間增加，慢慢地就會理解寶寶哭的原因。

這個月齡的寶寶哭的原因，大致可分成生理、心理與疾病三大類。生理的原因包括肚子餓了、尿布濕了、太熱太冷或是想睡覺。肚子餓的時候哭聲多半是斷斷續續、不算大聲；尿布濕的哭聲，可就會因為不舒服而比較大聲甚至尖銳了。太冷或太熱則要合併觀察是否冒汗、臉紅或手腳冰冷。想睡覺的哭，則是會哭比較久。

心理層面引起的哭，通常會比較小聲，而且眼睛會盯著大人，大一點後還會伸出雙手要大人抱抱。如果寶寶是因為情緒上需要安撫，大人就抱抱與安撫，能讓寶寶感到滿足與被關愛，對日後的情緒發展有很好的作用。若是忽略或壓抑孩子的哭，反而不利心理健康發展。但如果1～2歲後，孩子的哭不是因為情緒，而是因為想逃避或讓父母妥協，則處理方式就不同。所以，孩子哭是否要安撫、抱抱，端看孩子哭的原因。

而身體不舒服的哭通常會比平常尖銳、淒厲，或出現握拳、蹬腿、煩躁不安等等情況。假如生理狀態都檢查過，也安撫了，寶寶還是哭不停，就要留意寶寶的身體狀況，適時立即前往醫院就診。

圖表2-2，新生兒哭的原因與觀察方式

	需求	觀察方式
生理	肚子餓	哭聲是斷斷續續、低鳴、不算大聲的哭聲。 ▶ 3個月前可透過尋乳和吸吮反射來觀察（通常餓會明顯，不餓不明顯）。 ▶ 1～2月的寶寶作息主要為吃和睡，所以可觀察睡眠時間，如果沒有吃飽，寶寶睡一下就會醒來找吃的。
	尿布濕	哭聲會比較大聲，甚至還會有點尖銳，提醒大人換尿布。
	太熱	表現為流汗、臉紅，調整衣服或環境溫度。
	想睡	因為想睡，所以哭聲也不會太大聲，但可能會持續比較久，有時需要哄睡後才停止。
心理	害怕、生氣挫折、不滿等等	尋求安慰或注意力的哭聲通常比較小聲，而且眼睛會盯著大人，大一點的寶寶還會伸出雙手要大人抱抱。
疾病	腹痛、耳炎感冒等等	身體不舒服的哭通常會比平常尖銳、淒厲，或是出現握拳、蹬腿、煩躁不安等等情況。

生活自理

寶寶喝奶不順利該怎麼辦？

👍 關鍵：先觀察，並適時尋求專業協助。

如果寶寶喝奶不順，可先確認奶嘴軟硬度和流量是否適合，並觀察以下項目，必要時可尋求語言治療師或小兒職能治療師協助。

☐ 嘴唇跟奶嘴不密合或吸吮力量微弱。

☐ 舌外吐或舌後縮狀況明顯影響吸奶。

☐ 吸吞不協調，奶流出來，如：嘴巴閉不緊，吸很多但沒吞下。

☐ 會一直嗆到或臉色變黑。

☐ 耐力低。一開始喝得很好，但一下就不喝了，容易累、喘、睡著。

☐ 容易吐奶（需醫師協助確認原因）。

2個月的寶寶，會發出開心的聲音了

這時的寶寶開始對「視覺」和「聽覺」刺激有較明顯的反應，會開始注視、找聲音的來源。除了哭，與人互動時開始發出聲音，像是笑、嗚、安咕等等。此外，每個寶寶對睡眠時間的需求不同，有些寶寶睡得多、有些睡得少。睡得少指的是睡很少但清醒時精神很好，如果睡得少但清醒時精神不好、打呵欠，則要留意是否有什麼因素影響到睡眠狀況，讓寶寶無法充分休息，恢復精神。

睡眠需求較少的寶寶，照顧者較費心費力，需要陪伴和安排活動讓寶寶不無聊，因為無聊時也可能會哭、會一直想要大人抱著在家裡走動，為的是看環境中不同刺激，所以除了抱，也可依實際狀況，嘗試書中的適齡活動，來避免寶寶因為無聊而一直討抱。

圖表2-3，2個月的參考發展里程碑

♥ 感官知覺 能注視眼前的物品或人[0～6M]

💪 粗大動作 趴姿時，頭能微微抬離床面[0～3M]

✋ 精細動作 抓握反射[0～3M]

((◦)) 認知能力 聽到柔和的聲音會靜下來[2～4M]

💬 語言能力 發出安咕、笑或開心的聲音[2～5M]

感官知覺

能注視眼前的人或物品
關鍵：對光和近距離的物品，會有反應。

　　寶寶出生後視覺尚未發展成熟，新生兒只能看到光和近距離的簡單圖案（視力大約0.01），距離超過20公分的東西都是模糊的，同時對亮光或刺激會有防衛性眨眼動作，約 15 天大時，開始有區辨顏色的能力。以下為不同月齡可以讓寶寶試試看的視覺活動：

0～2個月

　　這時候的寶寶，距離超過 20 公分以上的東西都是模糊的，互動時可以靠寶寶近一點，讓寶寶看到您的表情。對光線、簡單圖案及會動的東西較有興趣。除非有特殊的需求，不然黑白和彩色圖片都可以給寶寶看喔！不必特別只看黑白的圖卡。

3個月

　　寶寶開始有較佳的深度視覺，注意東西的構造和深度了。

● 偶爾改變躺床的方向，讓光線、照顧者不要一直從同方向給予刺激，也可避免寶寶的頭頸固定轉向某一側（例如：寶寶躺在嬰兒床，媽媽都是從右邊靠近或互動，這樣寶寶會較常轉右邊）。

● 提供安全的玩具、物品，讓孩子看或觸摸。

● 可懸掛音樂鈴、床邊玩具，但避免固定在視線正上方，會讓寶寶疲勞時因此無法避開刺激。

● 寶寶睡醒時，可抱著他看家中不同空間、物品等等。

　　若嬰幼兒視覺出現以下症狀，父母應特別留意並由專業醫師進行評估，以避免錯失黃金治療時期。此外，美國兒科醫學會和國民健康署都建議，未滿 2 歲幼兒不宜看螢幕，2 歲以上每天看螢幕總時數不要超過 1 小時，每看 30 分鐘，需休息 10 分鐘。

圖表2-4，視力異常的觀察項目

症狀	描述
眼球游移	眼球無法對目標固視並產生游移的現象，用手指或物品在寶寶眼前逗引時，不會穩定注視手指或物品。
缺乏反應	媽媽靠近或喜歡的玩具接近時，並無愉悅的表情。
長期畏光	眼睛會怕光、流眼淚、眼皮眨個不停或長期眼紅。
眼球動作異常	看東西時，眼球會不自主地震顫或某眼偶爾或經常內向或外轉。
重複觸碰	重覆拍打或戳自己的眼睛。

頭會微微抬離床面

粗大動作

★ 關鍵：**清醒時間，讓寶寶練習。**

寶寶滿月後，白天慢慢會有一小段的清醒時間，可安排一些活動。可以先從簡單視覺、聽覺活動和體驗不同姿勢開始。例如：聽音樂、大人和寶寶說話或唱歌、讓寶寶體驗趴姿（確保不會有吐奶的狀況），時間長短依寶寶個別狀況而定，哭了、累了就休息，一開始只有幾秒也沒關係，待寶寶充分休息後再活動。

確認聽力

認知能力

★ 關鍵：**聽覺是語言能力的基礎。**

小孩語言發展算是最易造成爸媽焦慮的議題之一，因為動作發展還可以帶著做，但小孩不開口說話好像拿他沒轍？其實「開口說話」並非語言發展唯一觀察判斷的項目，可以先從基本的聽覺接收、聽覺反應、聽覺理解、發出聲音、非口語表達、口語表達等等脈絡來觀察孩子的語言發展。又因為 0～6 個月是聽力的關鍵期，所以將聽力相關的語言發展整理如下，讓大家先有個概念，之後每個月還會有更深入說明。

聽覺接收（聽力）

聽力對於語言發展很重要，所以要先確認聽力。每個寶寶出生時都會做「新生兒聽力篩檢」，在兒童健康手冊新生兒篩檢紀錄表

（黃卡）可以看到這個重要項目，可初步檢測出先天性聽障，但聽障也有後天造成，如：中耳炎。所以發展過程中，仍要注意孩子對聲音的反應與理解，如果觀察到孩子反應異常，如：只用單一邊聽聲音、刻意靠很近、不反應等等，建議立即請醫師評估確認，把握介入的黃金期。從出生至6個月，這段時間聽力對以後正常說話發展有關鍵的影響。若能在3～4個月大前就鑑別出聽障，早期介入，對於未來的語言發展就會比較好。

聽覺反應

0～6個月的寶寶會區辨聲音的有無，並有適當反應。6～12個月的寶寶會找到聲音發出的方向、並且對不同聲音有不同反應，例如：聽到熟悉的人的聲音，會有開心的反應。

聽覺理解

孩子要說話前（指使用詞彙來做表達），要先理解詞彙的意思或代表的人事物，所以可以先從名詞和物品的配對指認，來觀察孩子是否知道這個詞彙的意思，例如：詢問孩子哪一個是「杯子」？孩子可以用指、拿或用注視來選出杯子，表示他有理解「杯子」的意思。若孩子口語表達較少，可先確認孩子理解的量是否足夠，就像內建的字典，如果詞彙少，能運用於表達的自然也少。

曼曼老師小提醒

聽力諮詢單位：雅文兒童聽語文教基金。

全民免費聽力諮詢專線，北區：0800-889-881

南區：0800-800-832

發出聲音

哭，算是出生後第一個發出的聲音，到說話前，孩子可能會運用哭來表達需求、情緒或請求協助，這是很正常的。6 ～ 12 個月的孩子會開始發出一些無意義的聲音（指的是單純發聲並非溝通，有點像在唱歌玩聲音），或是大人學他的聲音，他會一來一往發聲。而 1 ～ 2 歲會模仿一些簡單的辭彙，如：抱抱、杯杯、水。

非口語表達

用哭、笑、點頭、搖頭、揮手、手指、拉大人去幫忙，都是非口語的溝通，是口語溝通前會出現的溝通方式，大人要創造機會讓孩子練習表達，如果凡事都幫孩子做好，會減少孩子表達的機會。

語言能力

能發出安咕、笑和開心的聲音

★ 關鍵：持續跟寶寶說話，提供聽覺刺激。

語言表達不只是說話，嬰兒所發出的哭叫聲、咕咕聲、笑聲、牙牙學語等等，都是語言發展的表現。此外，語言理解是語言表達的基礎，所以縱使寶寶還不會說話，也要跟寶寶說話，提供聽覺刺激、促進腦細胞發展。寶寶的大腦就像一個資料庫，一開始內存資料很少，隨著大人教導和生活經驗，不斷輸入各種資訊，一開始不見得會了解怎麼使用這些資料，但隨著經驗累積和理解，寶寶會愈來愈知道怎麼使用這些詞彙和知識，所以每一次的教導，都會成為孩子的養分。此外，教導初期未立即出現回應是常見的，因為寶寶需要時間理解、處理這些資訊。

3個月的寶寶，開始能和你有較多的互動了

此時寶寶的視覺反應更好了，日常中使用的物品可拿到寶寶眼前讓他看，並介紹這是什麼，增加視覺和聽覺經驗，當寶寶有注視後，可稍微移動物品，觀察眼睛追視物品的能力。隨著練習，寶寶趴撐抬頭的高度會慢慢增加，也會開始想要伸手觸碰物品，剛開始伸手會有點晃動、瞄不準，但隨著練習，動作會愈來愈平順。

通常會用玩具來誘發寶寶伸手，若對玩具沒興趣，也可用寶寶好奇的物品，通常是大人常使用的物品，如：遙控器。但勿因此認為寶寶不喜歡玩具，而減少玩具，寶寶可能因為「不知道怎麼玩」或「還沒有發現有趣之處」，所以一開始反應不大，可以持續示範怎麼玩，因為看他人操作也是種學習！初期很需要大人先玩得很開心！隨著寶寶互動反應增加後，育兒生活會慢慢增添樂趣和回饋！

圖表2-5，3個月的參考發展里程碑

♥ 感官知覺	能追視移動的物品或人[0～6M]
🦾 粗大動作	趴撐時，能抬頭45度[2～5M]
☝ 精細動作	手能張開，伸手觸摸玩具[3～6M]
🔊 認知能力	轉向沙鈴聲[3～6M]
🗨 語言能力	跟他說話，會咿呀作聲[3～5M]
☺ 社會適應	互動時，有短暫的視線接觸[0～6M]

追視移動的物品和人

感官知覺　關鍵：觀察眼球是否移動，不只是單純轉頭。

當寶寶會注視物品後，接著會發展「追視」：指眼睛持續注視移動的目標物、以收集更多資訊的動作，如：玩丟接球時，持續看著移動的球才不會漏接、打羽毛球時追視羽毛球以擊中羽毛球。

追視物品時，可能眼睛和頭一起動、或只有眼睛動而頭不動，但眼睛一定要動，所以主要觀察「眼球的動作能力」，而不是轉頭動作，若眼睛完全沒動、只有頭跟著物品轉動，就要留意眼球的肌肉能力。不過追視尚未熟練前，出現不順或追視2～3次後就停下，是很正常的，爸媽們可以多換幾個物品來吸引寶寶，若寶寶現階段比較喜歡看大人，那就請大人移動來提供追視機會。追視練習時的移動方式，可先由左右方向開始，然後是上下和斜向練習。

圖表2-6，追視練習移動方向順序

趴撐抬頭活動

粗大動作　關鍵：提升頭頸背和上肢的力氣，可抬頭約45度。

到了第3個月，寶寶的頭頸慢慢有力氣，不像出生時那麼軟，如果還是非常軟，可觀察幾個部分：

- 除了頭頸，其他身體部位也非常軟嗎？好像全身都沒有力氣？
- 寶寶在躺姿下，有轉動過頭部嗎？
- 是否用寶寶喜歡的物品來嘗試趴？寶寶抬頭的反應如何？

　　若寶寶 3 個月全身仍都軟軟的、躺著沒轉動過頭、然後趴著用他喜歡的東西吸引也沒有抬起 1 秒過，看起來感覺很吃力或完全沒反應也不哭，動作表現跟出生時差不多，建議打預防針時請醫師協助觀察確認，如果自己覺得擔心想要請專業人員確認，可以看小兒復健科。

　　促進寶寶頭頸部力氣，可每天安排讓寶寶趴撐的機會，如：趴姿下看物品、玩玩具或和大人互動等等，用寶寶可能有興趣的活動來吸引他做出抬頭的動作。當寶寶是自主用力抬起頭，原則上不用擔心會受傷，反之，如果是被動扶寶寶的頭抬起來，則較容易受傷。

趴撐活動

效果：提升頭頸背和上肢的肌肉力量。

目標：3 個月約可以抬 45 度，6 個
　　　　可以抬約 90 度。

時機：躺姿、抱姿時已開始出現頭部
　　　　控制能力，就可嘗試。

道具：墊在胸口下方的支撐物，如：
　　　　包被巾、枕頭等。

　　關於趴撐要練習多久，其實每個寶寶時間不一樣，可以觀察在玩具吸引下進行趴撐時，可撐的秒數，這個秒數作為起始點，也就是寶寶目前能力可做到的範圍。每一次鼓勵、吸引寶寶多撐幾秒，例如：用玩具吸引他撐久一點，這樣就可以了。

　　練習的時候，可視練習狀況，胸口下再墊東西。一般會先讓寶寶擺成趴姿，前面用東西吸引寶寶，如果寶寶很自然地出力撐手將頭抬起來，就不需要墊；如果寶寶的手臂不知道要怎麼擺來使力、協助頭抬起來，這時候就可以試看看在胸口下墊東西，墊起來後，寶寶的手肘會略呈 90 度（勿墊太高），這是比較好出力撐起的姿勢。如果寶寶不是用手去撐起來，單純用脖子出力，而是像小飛機的姿勢，可以幫忙把他的手擺成撐的姿勢！要是幫他擺好又會飛起來，大人就必需要協助寶寶維持住手撐的位置，讓孩子去感受並熟悉這個姿勢。

　　另外，要請爸爸媽媽特別留意的是，如果寶寶練習趴撐時，腳會翹起來，變成 U 字型，是因為寶寶整個背側一起用力，所以腿後側用力就翹起來，可扶著骨盆的位置，不要讓腳飛起來，讓寶寶專注練習控制頭頸部的肌肉！

　　當寶寶出現「疲勞反應」就要休息囉！例如：打呵欠、愈抬愈低、很吃力、想哭等等，需等寶寶體力恢復後再安排練習，所以每個寶寶的練習時間和次數是要個別化安排的。此外，這個動作發展主要觀察「抬頭的角度」，是不是每一次都可以抬這麼高，還是只有偶爾才行，如果 80% 的時間都可以達到，就算是達到發展里程碑，如果只出現過 1 次表現，就還不算穩定的能力。

曼曼老師小提醒

- 餐後不會吐奶時才可嘗試。
- 寶寶累了就要休息。
- 重點是經驗累積，表現用來觀察發展狀況。
- 如果對活動有不確定一定要詢問，安全第一喔！
- 建議等滿月之後作息穩定，頭頸稍微會控制後再練習！

伸手觸摸物品練習

★關鍵：手眼協調，慢慢練習。

2 個月

大多會注視物品，物品要靠近 20 公分。物體靜止時，手會有揮動動作；物體移動時，手部動作停止。

3 個月

伸手時，會握拳以側邊或手背碰觸，還無法抬高伸直手臂。建議物品靠近某側的手，先別放在正前方。

4 個月

手指開始能打開，仍多以手背碰觸物品，但手可以伸到身體中線了。所以物品可放在正前方練習了。

5 個月

動作仍不平順，對不太準，需作微調。手指可打開，手肘快能完全伸直。一手抓的時候，另一手可能會跟著動作。

6 個月

手單側動作路徑平順，手肘可以完全伸直。通常仍對不準，需作微調。手指尚未能依物品大小調整。

辨別聲源並做出反應

認知能力

★關鍵：發現聲音刺激，並且轉頭尋找。

這個項目在觀察寶寶：

- 是否能接收到聲音刺激。
- 聲音刺激是否有傳到大腦處理，並做出動作反應，也就是轉頭找的動作。

同時，也能讓寶寶練習控制頭頸部的肌肉。可以用大人的聲音或玩具、搖鈴等等，在距離寶寶約 20 ～ 30 公分的左右側發聲，觀察寶寶反應。另外，不少家長會在意寶寶頭型，透過這樣的轉向活動以及趴撐活動，能減少寶寶一直維持正躺的時間，使得頭型變扁，不過影響頭型的因素並非單一，而且跟腦的發展、智能無關，單純外觀而已。

引導視線接觸

社會適應

關鍵：留意環境中的分心物品，適當引導寶寶視線。

家長有時會問：「如果寶寶都不看人的眼睛、還轉過頭不看，會不會是自閉症？」雖然「缺乏視線接觸」是自閉症較早出現的表徵，但以這麼小的寶寶無法單就缺乏視線接觸就斷定是自閉症，而且孩子的視覺能力、注意力時間都還在持續發展，但保持警覺和持續觀察是必要的。如果寶寶較不會注視人，可以試著以下方式來引導寶寶注視大人：

第1招 以喜歡的物品引導

拿著寶寶喜歡的物品，讓孩子先注視著這個物品，然後再將這個物品移到你的臉旁，這樣視線會接近你的臉，再開始和寶寶對話。同時，您也要留意寶寶較小時，太遠的物品和人是模糊的，需要靠近一些，寶寶才能看得清楚、注意到大人的五官。

第2招 適時引導寶寶視線

留意環境中是否有其他物品更吸引寶寶的注意力，活動當下可用手擋住寶寶往分心物看的視線，讓他先不要被這些物品吸引，或者將你的臉或玩具移到他看的方向，引導寶寶看回正在進行的活動；如果寶寶很容易被環境中的物品吸引，可將環境中分散注意力的物品收起來，這樣也可以減少孩子分心的狀況。

如果寶寶比較大了才出現不看大人臉的狀況，可以先確認最近有發生什麼事件讓親子關係比較緊張，例如：嚴厲斥喝，使得寶寶生氣或恐懼，所以才不看你。同時，可觀察寶寶對其他人是否都一樣，還是針對特定的人。

等寶寶大約 1～2 歲後，如果仍跟人缺乏互動、語言發展慢超過半年、重複刻板及有限的行為、興趣和活動模式，每天都重複做同一件事且很難改變，或者作息流程或路線改變會出現強烈情緒等等，建議尋求兒童心智科協助，如果只是單純語言發展較慢，可尋求語言治療師協助。

4～6個月

吞嚥、抓握與翻身，都可以開始練習了！

4～6個月的重點項目為開始要準備副食品練習吞嚥、咀嚼能力，準備玩具讓寶寶練習伸手和抓放。也會開始出現翻身的動作，要特別注意安全，如：勿單獨將寶寶放在床面；嬰兒床面高度之前若有調高，要放低至安全高度。另外，也可以試著提供機會和適當椅子練習坐。

4個月寶寶，開始比較有規律的睡眠了

比起上個階段，4個月的寶寶在感官知覺方面，除了展現對「觸覺」的察覺，還能進一步對「不同刺激有反應」，可持續拿日常用品、觸摸書、布偶、搖鈴、毛毯等等讓寶寶觸摸，增加觸覺接受度與經驗，並觀察是否會有不同反應或有喜好產生。

同時，寶寶頭頸的力氣和耐力更好了，不論是抬的高度和維持的時間，都較上階段來的高和久。但是，如果寶寶4個月頭頸部仍無力，趴撐抬不起來或抱著時頭一直靠在身上，則需尋求小兒復健科或早療專業評估協助。在精細動作方面，媽媽或主要照顧者可以多提供多元的抓握體驗，記得先讓寶寶擁有成就感，再逐漸提供不同大小、材質的物品。

這個階段的寶寶也開始產生情緒反應，若哭鬧可透過安撫而穩定下來就沒有大問題，孩子高興時也可能會尖叫。要是寶寶到了4個月仍未發出任何聲音（指單純發出聲音、不需要有意義，不是指有意義單字或說話），則要持續觀察寶寶語言和認知這2個的發展項目。

最後，在這個階段，儘量形成規律的睡眠型態，不只對寶寶的成長有幫助，也可以透過睡眠習慣養成的過程中，發現寶寶是否有其他的身體方面的異常，能即早處理喔！

圖表2-7，4個月的參考發展里程碑

♥ 感官知覺　　對不同觸覺刺激有不同反應[0～6M]

🦾 粗大動作　　趴撐時，將頭抬高90度[4～6M]

👆 精細動作　　搖鈴放手中能握住約1分鐘[4～5M]

(((•))) 認知能力　　用口探索手抓的物品[3～6M]

💬 語言能力　　高興時可能會尖叫[1～4M]

👍 生活自理　　有規律的睡眠型態[0～6M]

☺ 社會適應　　對照顧者親切地露出微笑[4～5M]

👆
精細動作
精細動作的觀察與練習
★關鍵：將物品放入手中，開始能自主抓握放開。

一開始可先從好抓握的棒狀、圓圈手搖鈴開始練習，抓握物品粗細約 1.5 ～ 2 公分左右較易上手，如果是其他形狀或大小的物品，手部需張開或緊握的幅度較大，需要較多的動作技巧，活動難

度會較高。所以先從簡單、容易成功、有成就感的物品開始，再慢慢增加多元的抓握經驗。

抓握練習

抓握玩具／物品：

各式手搖鈴、布偶、手帕、安撫巾、奶嘴、固齒器等等。（通常顏色明顯和會發出聲音的物品，較能吸引寶寶參與）

活動方式：

可將物品靠近寶寶的手，觀察是否會伸手去抓，如果寶寶尚不了解要去抓，就帶著寶寶的手去抓物品，多重複幾次，寶寶就會慢慢知道東西出現在面前要伸手去抓，也會慢慢期待去抓握物品。除了抓握，也可提供不同的觸覺刺激，所以建議不要只玩單個玩具，生活物品若是安全合適，也可以讓寶寶抓抓或摸摸看。

寶寶排斥接觸物品時的引導方式

若寶寶對抓握觸碰物品會有驚恐、排斥、哭鬧，嘗試很多次都還是一樣強烈的反應，而且對洗澡、大人觸摸、按摩等等也會有排斥的現象，則要留意寶寶是不是觸覺較敏感。這時候可以先觀察寶寶較能接受哪些物品的觸感，先從能接受的觸感來練習抓握。一般而言，柔軟的布料是寶寶常接觸的觸覺刺激、較能接受，所以可以選擇布質的手搖鈴或小手帕來做抓握練習。觸摸前，建議先和寶寶預告要做的事、先看一看物品，當寶寶有心理準備，會比較安心而嘗試觸摸。

如果寶寶一直放開手上的玩具，不想抓的時候，先確認寶寶是否有注視到玩具？以及對提供的玩具有沒有興趣？若是有看玩具、

但抓握能力還不穩定，可試試看有魔鬼氈的手腕鈴來協助寶寶練習，或是大人握著寶寶的手抓玩具，讓寶寶去感受和記憶這個動作。如果寶寶對玩具尚未有注視、追視，可先練習注視、追視（可參考 P.49），除了玩具也可拿生活用品至寶寶視線前方讓寶寶看，觀察寶寶反應，找出寶寶有興趣的物品，進一步去做練習。

生活自理

有規律的睡眠型態
關鍵：留意白天增加活動量，和照光晚上睡得香甜。

寶寶隨著月齡增加，開始有日夜作息：白天清醒時間會慢慢變長，晚上睡覺警醒的次數變少。不過，有時會覺得別人家小孩白天會小睡很多次，而我家小孩怎麼好像睡很少，都醒著黏著我，然後很晚還不睡，這樣到底是不是正常？

目前台灣小兒睡眠專科仍少，要掛到門診不容易，不過爸媽可以參考下列幾點先觀察和調整看看，但如果孩子是因為生理上的因素，如：過敏性鼻炎、呼吸道構造、舌頭構造，或是感覺統合上的狀況，例如：對環境過度敏感或過度鈍感等等因素影響到睡眠，仍需尋求相關專業人員協助。

睡眠問題的居家調整方式

睡眠除了有助於身體和大腦發育和成長。得到充分睡眠的大腦，注意力與專心程度都會比較好，也能記住學到的東西，更能解決問題並思考新的想法。對身體來說，肌肉、骨骼和皮膚能夠藉此修復、生長，也可以維持免疫力喔！此外，睡眠也會影響注意力、

行為和情緒，因此對寶寶來說，睡眠是很重要的。

兒童睡眠問題居家調整方式，可從睡眠時數、照光週期、活動量以及睡眠環境四大方面著手。各方面的重點，可參考下表：

圖表2-8，兒童睡眠居家調整重點

睡眠時數	照光週期	活動量	睡眠環境
年齡需求	白天照光	粗大動作	昏暗安靜
睡眠日記	夜少藍光	出力活動	26度以下

睡眠時數

各月齡睡眠時數不同，以及清醒時的活動也不同。先依照寶寶的年齡對照下頁「每日睡眠總時數表」（包括晚上和白天睡眠時間），了解寶寶是否真的睡得過少，同時搭配觀察白天清醒時是否會精神不佳，經常打哈欠、學習力差、食欲不振等等狀況。如果睡得略少一點點但無上述表現，也不影響學習和參與活動，則不用太過擔心，畢竟每個孩子對睡眠的需求略有差異，但孩子睡得少而導致精神不濟、參與活動有氣無力、打瞌睡，則要試著調整看看。

階段	年齡	建議總時數	可能彈性範圍	不建議時數
新生兒	0～3個月	14～18小時	11～19小時	低於11小時 超過19小時
嬰幼兒	4～11個月	12～15小時	10～18小時	低於10小時 超過18小時
幼兒	1～2歲	11～14小時	9～16小時	低於9小時 超過16小時
學齡前	3～5歲	10～13小時	8～14小時	低於8小時 超過14小時
國小	6～13歲	9～11小時	7～12小時	低於7小時 超過12小時

參考資料來源：National Sleep Foundation's Sleep Duration Recommendations

　　也可以撰寫「睡眠日記」有助於了解實際時數。這個紀錄很簡單，但能讓我們客觀得知寶寶實際睡眠的時數，下表是寶皇的睡眠日記，顏色和文字的意思：灰色→睡覺，留白→清醒，光→外出散步照光，自己畫表格就可記錄。

　　此外，如果孩子會因為午覺時間長度影響晚上睡覺時間，建議1歲後午覺時間長度以 0.5 ～ 1 小時為主，4 點半前睡醒，4 點半過後儘量不睡，比較不會影響晚上入睡時間。

圖表2-10，寶皇睡眠日記範例

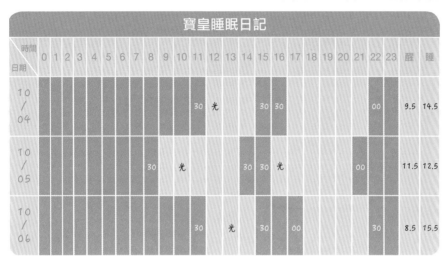

寶皇睡眠日記

時間 日期	0	1	2	3	4	5	6	7	8	9	10	11	12	13	14	15	16	17	18	19	20	21	22	23	醒	睡
10/04												30	光			30	30						00		9.5	14.5
10/05										30		光			30	30	光					00			11.5	12.5
10/06												30	光		30		00						30		8.5	15.5

照光週期

　　光線刺激會影響睡眠激素的分泌，所以才會建議不要開著燈睡覺或睡前不看手機，而在昏暗的地方待久了會想睡覺也是這個原因，因此白天接受自然光能讓睡眠激素減少，讓我們能清醒去學習與參與活動。所以白天記得將窗簾打開，或者在太陽不那麼烈的時候，帶寶寶外出照照太陽。

　　當太陽下山後，體內的褪黑激素會慢慢開始分泌，逐漸累積直到想睡覺，如果接觸太多 3C 藍光，這個光線近似白天照光道理，會影響褪黑激素分泌，反而會不想睡覺，準備入睡的時間更長。

圖表2-11，照光對體內激素的影響

照光 ▶ 視網膜 ▶ 降低褪黑激素 ▶ 清醒

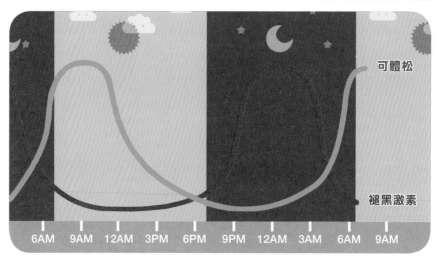

可體松

褪黑激素

| 6AM | 9AM | 12AM | 3PM | 6PM | 9PM | 12AM | 3AM | 6AM | 9AM |

活動量

　　增加白天活動量，讓寶寶適當耗能，自然會需要休息。可以透過粗大動作和出力的活動消耗體能，滿足寶寶需要動的需求，爸媽可參考下方舉例，選擇適合寶寶的活動。

圖表2-13，粗大活動與出力活動範例

粗大動作活動	趴撐、翻身、坐姿、站立、爬行、行走、跑步、跳、蹲、翻滾、騎車等等。
出力的活動	仰臥起坐、搬椅子、提袋子、背背包、整理遊戲區、將東西歸位、做家事、擦桌子、丟垃圾等等。

　　但是幼兒活動量要多少才算足夠呢？依據多國的兒童活動量建議值，大部分會建議小孩會自己走路後，每天需要 3 個小時的體

能活動，孩子應該多玩、多動，不要久坐在螢幕前。不過還是要考量個別的體能狀況和天生活動量表現來做活動安排。

圖表2-14，微費力和費力活動範例

微費力	站起來、翻滾、到處走、步行、比較費力的遊戲，如：跑步、追逐。
費力	捉迷藏、紅綠燈、跑來跑去、跳跳床、騎腳踏車、跳舞、跳體操、攀爬、跳繩、玩水或游泳。

睡眠環境

以下這些都是有可能影響寶寶睡眠的因素，可以逐一檢查看看喔！還可以透過按摩舒緩安定神經，也可以舒緩鼻塞、脹氣、長牙不舒服，生長痛等。

□ 睡覺環境的溫度是否適當？對寶寶最舒適的溫度約在 25 ～ 26 度左右。

□ 房間是否安靜？也要避免外面聲音影響，如：外面看電視，寶寶都聽得到，自然被吸引想出去。

□ 建議燈光調整成昏暗狀態或熄燈，也避免燈開開關關。

□ 讓孩子睡自己的小床，若一起睡會互相干擾睡眠。

除了環境因素之外，晚上也要讓孩子避免吃興奮性飲料或食物，睡前避免太興奮的活動或玩到尖叫，會使神經狀況不容易安定下來入睡。如果已經戒尿布了，則睡前不宜攝取太多水分。

0 ～ 3 個月

4 ～ 6 個月

7 ～ 9 個月

10 ～ 12 個月

13 ～ 15 個月

16 ～ 18 個月

19 ～ 21 個月

22 ～ 24 個月

6個月之前的嬰兒，仍有較多小睡，如果硬被叫醒，可能導致情緒不佳。寶寶需要睡眠解除大腦疲勞，才能吃好玩好，但要留意白天室內光線是否充足，避免昏暗造成寶寶一想睡，以及奶量是否正常。愛運動的嬰兒睡眠時間較短，白天醒的時間較長，需要安排活動滿足活動量的需求。而隨著孩子對探索世界活動需求增加，白天睡眠時間會慢慢減少。

5個月寶寶，視聽觸覺全力發展

對聲音、視覺刺激的反應更多了，是5個月寶寶的變化，除了伸手觸碰玩具，例如：健力架、床邊鈴、玩具等等，大按鍵的玩具也適合側躺或趴撐時伸手觸碰，若寶寶仍未出現過伸手碰觸或無動作反應，則要確認寶寶視覺、聽覺、動作，並增加帶領操作、建立寶寶動作模式，如果寶寶經由帶領後就出現動作，則寶寶可能需要「帶領」的學習方式，之後提供新玩具/物品記得要先帶著寶寶操作、讓寶寶學習動作，避免以為寶寶沒興趣，而減少操作的機會。

5個月的寶寶也會開始翻身，翻身不只是在5個月發展，會一直發展至8個月連續翻身。翻身可促進軀幹兩側的肌肉力氣和動作協調，有助於寶寶之後練習坐姿、站姿和爬行。

圖表2-15，翻身的參考發展里程碑

正躺翻到側躺（5個月） ▶ 趴姿翻到正躺（6個月） ▶ 正躺翻到趴姿（7個月） ▶ 連續翻身（8個月）

　　語言的部分，寶寶會開始玩聲音，發現自己可以發出連續的聲音，並控制發聲的時機。有時會感到有趣而開心的笑。觀察寶寶語言發展，不只是從講話（有意義的字詞），更基礎的是寶寶有沒有試著發出聲音，如果鮮少發聲，則要先增加寶寶發聲的頻率。

圖表2-16，5個月的參考發展里程碑

♥ 感官知覺	對發聲玩具有興趣[0～6M]
💪 粗大動作	能自己翻身[5～8M]
👆 精細動作	手能伸向物品[3～6M]
(((•))) 認知能力	哭鬧時，會因媽媽的撫聲而停哭[4～6M]
🔲 語言能力	自己玩聲音[4～5M]
👍 生活自理	很少無理由的哭鬧，能自我安撫[0～6M]
☺ 社會適應	看他時，會回看你的眼睛[5～7M]

💪 粗大動作　翻身練習技巧

關鍵：提升軀幹肌力，翻身動作，手腳動作協調。

　　寶寶約 5 個月大會翻身，通常是因為想拿身旁物品，而從正躺翻至側身，所以可透過物品擺放的位置來引導翻身，大概在 4 ～ 5

個月就可以試試看囉！若寶寶不知要如何翻身，爸媽可帶著寶寶手腳或協助骨盆的動作，讓寶寶學習和記憶動作。翻身可奠定軀幹、手、腳的肌肉力量與動作計劃能力，有助於下階段「坐姿」的穩定。而該怎麼幫助寶寶練習翻身，其實是有方法的。

如果寶寶還沒滿 4 個月，但爸爸媽媽已經發現有類似想翻身的跡象或已經開始翻身，只要寶寶頭頸是有力的，例如：練習趴撐抬頭就可維持至少 60～90 度，就表示頭頸具備一定的力量。若姿勢沒有怪異、脖子沒有過度後仰等等狀況，只要把握翻身的時候動作慢，爸媽適時協助穩定軀幹，原則上由寶寶自主做出動作，是可以練習的，但如果爸爸媽媽覺得頭頸力氣還不夠，頭頸無法跟上翻的動作，感覺有危險，可以先主要練習趴撐促進頭頸肌力後，再增加翻身練習的頻率！

翻身的動作帶領五大招

- 時機：約 4.5 個月～ 5 個月開始練習躺姿翻到側躺。
- 道具：不要太軟的床面或遊戲墊、寶寶有興趣的物品。

第1招 推股式

此招由照顧者帶領寶寶下半身的動作，若練習翻左側，則先將右腿跨越左腿，接著扶著屁股協助使力，寶寶需自行做上半身的動作，可輔以第 3 招「玩具誘導法」來引導。

第2招 推肩式

此招由照顧者帶領寶寶上半身的動作，若是練習翻左側，則扶持其右肩協助使力，寶寶需要自行做下半身的動作，也可輔以第 3 招「玩具誘導法」來引導寶寶。

第3招 玩具誘導法

藉由寶寶看到喜愛的物品，會情不自禁地伸手、奮不顧身地轉頭，誘導出翻身動作。如果寶寶對玩具沒有興趣，也可以觀察寶寶對其他物品是否有興趣。其實，媽媽本身也

可以是增強物，試試看用媽媽的臉和聲音位置來吸引寶寶翻身！

第4招 指令法

過程中所有的動作都要說給寶寶聽，如：翻身時說「翻」，出力時說「用力」，為未來「聲控模式」打基礎。

第5招 正向回饋法

此法適用於各種招式之練習，除了涵蓋「阿諛奉承」，也包括實質獎勵，例如：寶寶翻身後即可摸摸喜愛的布偶，令寶寶覺得翻身之後會有喜歡的東西或被稱讚，久而久之寶寶就會認為翻身是一件很棒的事情！

((o))
認知能力

哭鬧時，可以被安撫

★關鍵：找出原因，發展健康的依附關係。

　　5 個月的寶寶開始能因為媽媽的撫聲而停哭，如：跟寶寶說話或抱著安慰，寶寶會試著安靜下來，注視妳的臉甚至微笑，表示寶寶知道大人會關心他並提供協助，這對發展健康的依附關係相當重要。所以試著去觀察寶寶哭泣的原因，依照原因和年齡來給予適當的回應與引導，大人就不用太過擔心自己會因此寵壞孩子，哭泣原因與處理方式可參考右頁表格。

　　其中要提醒的是，在滿足需求和排除生理不適後，還哭不停的話，經驗上寶寶也可能是因為無聊，想要產生互動或活動，所以當大人暫時要做其他事，記得提供寶寶他能夠探索把玩的玩具或物品，但如果寶寶不太會玩而覺得無聊，就要先陪他玩、教會他玩，是的！「玩」是需要學習與練習的，待遊戲能力提升，因為無聊哭泣的頻率也會下降。

圖表2-17，哭泣常見的原因與處理方式

哭的常見原因	處理方式
肚子餓	提供奶或食物。
尿布濕不舒服	換尿布。
想睡覺	提供適當睡眠環境。
太冷太熱不舒服	留意衣服件數、室內溫度、擦汗、補充水分等等。
想與人互動	跟他說話、說故事、唱歌、抱抱、玩等等。
覺得無聊	提供適齡活動或玩具，就不會因為無聊而一直黏著大人。可參考P.196，0～2歲玩具&活動選擇建議表。
情緒壓力	讓寶寶有適當哭泣的機會，並留意環境刺激是否造成寶寶壓力，如：太強烈的聲光刺激。可安撫寶寶，但不要責備或限制哭泣，這樣反而無法適當地宣洩情緒，回到安定的狀態。
討要非必需品或不適合的物品	大人保持一致的態度與回應，孩子慢慢會了解大人不會因為他不斷試探而改變。如果溝通後仍產生情緒，可以給孩子發洩情緒的時間，等孩子冷靜，再引導孩子回到原本的事情上。

當孩子用哭來討不適合的物品

　　若是因為討要不適當的物品或不需要的物品而哭泣的話，跟孩子說明的方式可採用「告訴他能做的事」，例如：孩子看到大人吃某樣東西，但不適合孩子吃，可以跟孩子說：「這是媽媽的！你的

是這個。」孩子可能會重複討要，大人要保持一致的態度與回應，孩子慢慢會了解大人不會因為他不斷試探而改變，此外可告訴孩子，爸媽可以提供給他的是什麼？如果溝通後仍不願接受、產生情緒，可以給孩子發洩情緒的時間，哭過後會慢慢冷靜下來，過程也可以再提醒孩子他可以要的是什麼。

若是外出的情境，建議在家發生類似情況時就要練習這個模式，外出就可使用一樣的模式引導。有需要可以帶至角落或廁所冷靜，通常大人有在引導處理，旁人大多能體諒孩子哭泣需要時間溝通，過程中大人除了重複規則，再來要將孩子引導回原本正在做的事，例如：原本在吃飯，因為情緒而離開餐廳處理，提醒孩子：「還記得我們點了麵嗎？等你冷靜，我們回去吃。」協助孩子抽離負面情緒，轉移注意力。

6個月寶寶，坐起看世界

6 個月的寶寶眼球動作更好了，物品移動或掉落在地面，寶寶可跟著物品或人追視，如果寶寶視力或眼球肌肉異常，則可能無法順利追視物品或人，爸媽需在日常生活中觀察，並提供練習機會。

此外，寶寶開始會練習坐，除了坐在安全的地方，也可以準備適合的餐椅，同時開始建立坐在餐桌椅用餐的習慣。寶寶抓到物品往嘴巴放的頻率也會增加，因為在 1 歲前，寶寶仍會以口腔來認識物品，所以要留意物品的清潔以及材質是否適合放嘴巴，假如物品是允許的，則不需特別限制，如果寶寶同時在長牙，啃咬物品的頻率可能會更多，可提供固齒器或適合月齡的米餅，滿足寶寶口腔需求。

圖表2-18，6個月的參考發展里程碑

| ♥ 感官知覺 | 追視眼前掉落的物品[6～12M] |

| 🦾 粗大動作 | 不須扶持可以坐穩[6～9M] |

| ✌ 精細動作 | 拉開在自己臉上的手帕[6～8M] |

| (••) 認知能力 | 能轉向人聲[4～7M] |

| 💬 語言能力 | 重複發出剛被他人模仿的聲音[3～9M] |

| 👍 生活自理 | 自己拿餅乾吃[5～7M] |

| ☺ 社會適應 | 餵他吃時，會張口或動作表示要吃[6～12M] |

0
～
3
個
月

4
～
6
個
月

7
～
9
個
月

10
～
12
個
月

13
～
15
個
月

16
～
18
個
月

19
～
21
個
月

22
～
24
個
月

🦾 粗大動作　坐姿練習技巧

關鍵：不需扶持能坐穩、能坐在有靠背的小椅子上。

　　開始帶著寶寶練習坐姿前，請務必先確認寶寶以下基礎技能：頭頸部有力、牽手坐起頭不會往後掉、趴撐時可抬頭 90 度、會翻身，大約是 5 ～ 6 個月大寶寶的發展進度！

　　進行任何活動仍以安全快樂為第一，要在安全的環境下進行，並用寶寶喜愛的玩具來增加參與動機，留意寶寶若出現疲勞或不愉快的情緒，則要休息或轉換活動喔！如果爸爸媽媽覺得帶領上尚未有把握，也先不要嘗試！等寶寶和你都覺得準備好了再開始！

第1招 角落練習法

器材準備：大抱枕／牆面防撞墊，寶寶有興趣的玩具、物品。

環境位置：找直角處牆角，或沙發轉角的地面，記得鋪上防撞墊。

活動方式：將牆角的轉角兩側放軟墊，讓寶寶坐於中間，家長在面前陪寶寶玩，玩具放在視線高度，透過引導寶寶視線讓頭頸能直立起來，而非低頭或駝背的姿勢。

若是家中空間有限，寶寶只能在床上活動，所以學坐也是在床上的話，也可在床上用枕頭或抱枕圍成直角試試看！如果床鋪是有靠牆有角落，可以使用角落練習法，用 2 個枕頭擺成直角（枕頭高度要高於寶寶頭部），這樣背後就有緩衝和支撐！

如果練習中寶寶常常低頭，可能是頸部背部力氣還須建立，或者是因為玩具都放在床面，寶寶習慣低頭看床面，所以和寶寶互動的位置很重要，操作類的玩具可以墊高到視線高度，而由家長操作的圖片類物品要在寶寶的視線高度，這樣就可以誘發寶寶抬頭挺背囉！記得要多開發寶寶喜歡、有動機的物品，這類物品先私藏一些，平時先不要給寶寶玩，要引導時再拿出來！

第2招 爸媽靠山法

家長坐在寶寶後方，用手扶著寶寶的軀幹協助維持穩定，提供的玩具，選擇寶寶能夠自行操作的為主。

第3招 半坐臥姿

若寶寶還不夠有力，但一直要大人抱著，坐考量肌肉骨骼尚未

足夠進行坐姿，勉強進行可能會姿勢不良或造成傷害的情況下，首先，試著帶寶寶玩遊戲，轉移想要坐的注意力。然後，採取抱著寶寶半斜躺在你身上（非直立）、或坐在半斜躺的躺椅或推車，短暫滿足寶寶想要坐的慾望。

第4招 指令法

坐有靠背的餐椅也是種坐姿練習，一開始可先從短暫時間開始，寶寶疲勞時就休息。如果容易歪向一邊或座面較寬容易歪斜，也可以在椅子兩側塞衣物捲，來協助將寶寶維持在直立姿勢。

生活自理

手指食物的練習技巧
★ 關鍵：手口協調、口腔動作和自我餵食的起點。

選擇手指食物、米餅時，第一個要點：適合寶寶月齡，一般包裝上會標示。再來，材質要能含和舔就可融化；形狀則是以棒狀最易抓握、適合入門，若觀察到寶寶原本吃米餅是用拳握，現在已經進化成前三指指腹抓握，就可準備小顆米餅來促進抓握囉！

圖表2-19，米餅種類分析表

種類			
抓握難度	易	中	難
形狀	棒狀	片狀	顆粒
一般尺寸	直徑約2公分	厚度約0.2公分	直徑約1公分
抓握動作	五指拳握	五指對掌	前二／三指

副食品準備大小事
★關鍵：觀察餵食反應，循序漸進安全第一。

　　4～6個月會開始練習吃副食品，副食品餵食方法門派很多，但依據兒童發展進度，我們主要掌握三大重點：「吞嚥安全」、「食物顆粒大小」和「多元經驗累積」，隨著食物大小難度增加，口腔功能就會自然發展出來。在開始餵食之前我們要先了解以下概念：

● 餵食副食品的時機

　　主要會考量寶寶頭頸功能、反射整合、腸胃道等功能，世界衛生組織建議寶寶6個月後除了餵母乳也應加入營養充足且安全的食物。有些情況可能會提早至4～6個月開始，例如：奶水量降低、開始厭奶、純餵到6個月有困難、或寶寶有主動要求其他食物的表現等等。

● 練習吃副食品的主要目的

　　訓練「吞嚥」和「咀嚼」的能力。1歲前主要熱量攝取來源還是奶類（佔總需求熱量的70%），所以副食品的餵食不在於吃飽，而是練習口腔動作、吞嚥和咀嚼，所以沒有牙齒也可以練習！而且這個階段提供的食物是泥狀或湯匙可壓爛的軟度，所以寶寶也能用牙齦或舌頭將這些食物壓爛，一般而言可以觀察到寶寶口腔是有動作處理過吃進去的食物再吞下，所以提供適當軟硬度、大小的食物和姿勢擺位，就比較不用擔心寶寶會噎著。

● 安全第一並提供多元化經驗

　　餵食要安全有2個重點「寶寶的姿勢」和「食物大小」，講到食物大小最常討論到的兩派是「粥派」和「泥派」，客觀的分析這

兩派主要差異應該是「食物顆粒大小」，如果依據吞嚥能力的難度來看，泥比較細、會比粥容易吞嚥，所以我讓寶皇先吃泥，確定不會哽嗆後再逐漸增加顆粒程度。其他食物也是依據寶皇吞嚥能力來調整顆粒大小，增加吞嚥的難度。

多樣化累積食物的經驗是必須的，但也需要循序漸進，所以先從本質是軟的、較不會過敏的食物開始吃，由少而多，然後依階段嘗試可能會過敏的食物！然後也會觀察排便狀況，如果出現難以消化的食物，也要調整該食物的量。最後要觀察一下是否有食物過敏的狀況，症狀主要在於皮膚（起疹、發癢、嘴唇紅）、胃腸道（拉肚子、嘔吐）及呼吸道（流鼻水、鼻炎、打噴嚏）。

餵食副食品的成功要領

- 媽媽帶著輕鬆的心情，先從一口開始練習，觀察寶寶對味道和大小的反應，保持「每次用湯匙多餵一口」，就會逐漸進步。
- 在寶寶心情好、有點餓的時候餵副食，留意餐與餐間隔的時間，若寶寶不餓和過度飢餓，都會比較難餵食。
- 1 次給予 1 種新食物，不要強迫寶寶進食，可以選擇不同稠度或提供能引起寶寶興趣的食物。
- 烹調方式：愈是簡單、清淡的烹調法，愈能留住更多營養！目前曼曼主要是以「蒸」和「燙」來料理。
- 工具準備：調理棒、研磨器、保存盒、電子秤、餵食湯匙。

副食品餵食技巧

寶寶一開始對湯匙是完全不了解的，所以我們要從教寶寶「吃下湯匙上的食物」。這過程較常遇到的三大困難是：寶寶不願意

張嘴、用舌頭將食物推出來、食物不好餵進去。都可以藉由選擇合適的湯匙、適合進食的姿勢以及大人餵食技巧來提升成功率。

1. 適合餵食的湯匙設計

圖表2-20，適合餵食的湯匙設計分析表

湯匙	設計	說明
深度	淺	較好練習抿的動作，抿指的是寶寶雙唇閉合將湯匙上的食物抿下留於口中。
寬度	小於寶寶嘴巴	約1.5公分以內，較易送進嘴巴。
材質	不宜太過堅硬	尤其寶寶如果容易咬住湯匙不放，選擇矽膠或PP材質較不會傷害牙齦。
柄粗細	扁長型	此階段由大人餵食，以大人好抓握即可，建議扁長柄，把手抓握處比較不會碰到食物泥，而汙染食物。

2. 適合餵食的姿勢

寶寶大約6個月才會坐，所以在這之前寶寶適合以半斜躺的姿勢來進食，角度是身體直立往後30度的躺姿，市面上相關的用品是躺椅、可傾斜椅背的餐椅（價格較高），如果想用家裡現成物品則可用大抱枕將寶寶墊高成上述的角度，但要記得鋪大浴巾避免弄髒。寶皇4～6個月是使用躺椅，6個月之後坐餐椅。比較不建議大人抱著餵食，因為這樣變成大人單手餵食，不易引導寶寶口腔動作的練習，經常會變成食物直接流進嘴巴，雖然感覺很好餵、餵很順，但其實無法真的練習到寶寶嘴唇的動作和食物後送的動作，加上單手撐扶寶寶，大人也容易受傷，之後要轉換到兒童餐椅，也會面臨模式轉換抗拒等等狀況。

0
～
3
個
月

4
～
6
個
月

7
～
9
個
月

10
～
12
個
月

13
～
15
個
月

16
～
18
個
月

19
～
21
個
月

22
～
24
個
月

3. 大人餵食技巧

餵食技巧關鍵在於運用湯匙送入的角度、放入口中的位置、引導寶寶開口和如何一邊餵一邊處理寶寶手部拍打湯匙的狀況。

技巧 **1** 聲東擊西

拿吸引寶寶注意力促使抬頭，這樣能引發張嘴，然後再將湯匙順勢送入口中，此招需眼明手快，有時候寶寶沒有受到吸引，就多試幾次看看。

技巧 **2** 見縫插針

此招技巧在於湯匙送入口中的角度要由下往上，因為通常上顎比下顎突，這個角度最容易把湯匙送進嘴巴。

技巧 **3** 阿諛奉承

當寶寶有張口、動嘴巴或吞下的動作，都可以讚美寶寶的嘗試。

技巧 **4** 投其所好

在不影響吃飯下，給他喜好的東西，像寶皇喜歡聽音樂，就一邊吃飯一邊放能穩定他的音樂。

技巧 **5** 一字固定

當寶寶使出抓匙龍爪手，媽媽用一字固定法（用一手臂擋住寶寶的手，另一手餵食）接招。適合才剛吃幾口就拒絕的寶寶。如果仍被破解，可採取雙手固定，那就需要夫妻，一人固定，一人餵食。

提供安全的環境，讓寶寶盡情探索

7～9個月的重點項目為：開始出現匍匐前進的爬行、雙手同時操作物品、扶著家具站起、發出單音。所以寶寶需要移動和探索的範圍也增加了，但因為力氣和平衡尚不穩定，所以跌倒、碰撞的機率仍大，我們要準備安全適當的環境提供寶寶爬行和探索。

7個月的寶寶，請爸媽準備安全的活動區域

這個月開始會出現爬行的動作，爬行不只是動作發展，同時也是認知的發展，像是：寶寶會想辦法移動身體到他想去的地方、想辦法取得遠處的物品，不再只用哭或叫來尋求大人協助，開始試著自己解決遇到的問題，因此要提供安全的環境。

曼曼老師的做法是將客廳的桌子移走，鋪設 1.5～2 公分厚遊戲墊，讓寶皇可以爬行和玩玩具。如果客廳空間不適合，只能在房間活動，若房間走道有 2 公尺長，也可作為爬行的練習，但要注意地面、床板、家具邊角都要加裝防撞條。長條的走道和方正的練習區差別是，後期寶寶開始會站，走道因為狹小，寶寶比較容易扶著兩旁家具站起而減少爬行，可能需要家長多費心引導爬行。爬行區域離可以扶的家具有點距離，至少要爬一段距離才能扶物站起，就能增加爬行的機會。

感官能力方面，尿布濕了會哭，表示寶寶能察覺「乾」尿布和「濕」尿布的不同，且能對不同的感覺刺激做出不同的反應（濕濕不舒服，用哭哭表達告知大人）。這階段也會發展雙手操作，例

如：換手、雙手握奶瓶或水杯等等。對於已經會的聲音或動作，可以在大人示範下模仿出現，意思是仍需要大人示範提示，寶寶跟著做出，所以大人要記得重複示範，讓寶寶可以多次練習，慢慢地就不需要提示，也能自己主動發出學過的聲音、做出學過的動作。

圖表-2-21，7個月的參考發展里程碑

♥ 感官知覺 用哭表示感受到尿布濕了[6～12M]

粗大動作 肚貼地、匍匐爬行[6～9M]

精細動作 將東西由一手換到另一手[6～9M]

((o)) 認知能力 注意向他說話的人[7～12M]

語言能力 模仿已會的聲音或動作[7～12M]

生活自理 自己握奶瓶[6～8M]

☺ 社會適應 設法取較遠處的物品[5～7M]

粗大動作 **爬行練習，為後續動作打基礎**
★關鍵：確認前備技能、玩具引發動機和帶領技巧。

在爬行前有一些能力需要確認，前面的月齡活動都有提到，這裡再整理成表格。爸爸媽媽可以先確認一下寶寶是否已經做過這些

練習，並且可以熟練的做出動作。

表2-22，爬行的前備技能

　　當寶寶沒有順利發展出爬行動作時，可先確認這些上述能力是否都熟練，如果尚未熟練則可加強練習。爬行最晚應在1歲前發展出來，若自行引導仍沒有進展，則須尋求專業人員評估確認原因，提供寶寶適當協助。

　　爬行困難常見的原因是「力氣不夠」，如：上肢力氣不足，撐不起身體或出力移動、背腹肌力氣不足無法維持肚離地的姿勢、頭頸部力氣不足，所以爬行時頭都貼在地面。提升寶寶肌力可參考P.50趴撐動作練習，以及接下來的特訓活動「寶寶娃人操」喔！

寶寶娃人操

　　寶寶娃人操是針對6個月～1歲設計的活動，可以促進手臂和軀幹肌力活動，同時也是耗能的活動，增加白天活動量，有助於晚上睡眠。

　　適合頭頸部有力、牽手坐起頭不會往後掉、趴撐時可抬頭90度、開始出現爬行動作，約6.5～7個月大以上的寶寶。

1 趴撐運動：促進手臂、頭頸力氣

器材：寶寶喜愛的簡單操作玩具（如：拍打或大按鍵）、袋裝尿布、收納箱、紙盒等等鋪上軟布，用來墊高玩具高度。

難易調整：玩具放的高度愈高愈難，因為手和身體需要撐得愈高。

平面	玩具放在前方平面、沒特別加高，寶寶手肘趴撐抬頭。
墊高	將玩具墊高，誘發寶寶上臂伸直撐起身體。

注意：安全第一，要留意墊高物或玩具不要敲到頭，墊高物可鋪軟布或毛巾，來預防撞傷。

2 仰臥起坐：促進腹部、頭頸肌肉力氣、消化蠕動

器材：床面或遊戲墊、寶寶喜愛的玩具。

方式：寶寶躺姿，大人坐於寶寶腳側，視線可觀察寶寶面部表情。

大人雙手依孩子能力扶持不同部位：肩膀→上臂→手肘→手腕→手（愈靠近軀幹協助愈多，對寶寶而言愈簡單），大人一邊說：「起來」或「1、2、3……」提示孩子要開始做動作，手部扶持處可以稍微輕拉，提醒孩子起身，但不可直接用力拉起，因為肌力訓練必須孩子主動做動作才有明顯效果，如果被動由大人拉起，反而會受傷。可從「1」下開始嘗試，視孩子狀況，再一次增加一下。

寶寶起身的時候建議一開始先握在手腕的地方，當寶寶有出力起身時，大人稍微協助他起來，不是被動由大人用力拉起，被動拉起易受傷。如果寶寶很吃力，可以換扶肩膀協助，進步之後再扶手肘，然後手腕，最後是牽手！記得是寶寶出力並依照寶寶的速度，不是大人拉，原則上這樣就比較不會受傷。

也可在孩子面前擺放玩具，起身後讓他玩一下，來增加起身的動機。若孩子尚未有力起身，可以翻身或坐姿來提升肌力後再嘗試。或者排在日常中練習，如：要離開床面時，不直接抱起孩子，可先牽扶、鼓勵起身再抱起，這樣也可練習到腹部肌力。此外，易便秘的孩子也可留意腹肌力量和運動，皆有助於腸部蠕動和排便所需的力氣。

3 踢腳運動：促進下肢和骨盆力氣

器材：寶寶喜愛的物品、健力架、腳踏玩具等等，安全的活動環境。

方式：運用寶寶喜歡的玩具、物品或大人的互動逗弄，如：用手掌貼著寶寶腳底板輕壓，誘發寶寶踢腳的動作。

注意：避免晚上進行、睡前太過興奮，而影響睡眠。

引導寶寶爬行的教戰守則

爬行的重要意義是寶寶要開始有「動機」要移動到某些地方，來滿足自己的需求。而準備要爬行的徵兆，包括：四點跪姿前後搖擺、倒退爬、原地旋轉等等，這些都是要從靜態姿勢發展為動態動作的表現。

我們常聽到 7 坐 8 爬，但這邊的爬並未定義是肚貼地、肚離地還是交替爬，不過以發展里程碑來看，肚貼地、匍匐爬行一般在在 6 ～ 9 個月會發展。而且，任何發展項目通常不是某個月突然產生的，會先有前備技能，然後隨著練習，動作品質和效率會愈來愈成熟，所以當覺得孩子發展好像慢了，可先確認前面月齡能力是否發展成熟，而每位寶寶發展速率略有不同，須依能力安排活動。

圖表2-23，爬行的參考發展里程碑

家長經常提問的爬行問題，包括：寶寶一直沒有爬的動機、一直停留肚貼地、沒有出現離地爬、只以單邊爬行，如：左腳未有爬行動作，拖著前進、只有手或腳在爬行、爬行時頭無法抬起而貼著地面等。遇到上述情況時，可先從 2 個方向觀察：

1. 先確認寶寶的「爬行的前備技能」是否穩定

若不穩定則加強練習，常見的狀況是寶寶上肢、頭頸力氣不足，所以無法撐起身體，故一直停留在肚貼地爬。

2. 協助寶寶練習爬行動作

適用於寶寶有爬行但動作遲遲未進階、動作異於常態等等,如:寶寶可能用自己的方式爬,雖然不一定要調整,但如果這個爬行方式造成受傷、姿勢不正確、一直沒有兩側交替動作,都會影響肌力發展、兩側協調,這樣的情況下要做適當的引導,避免孩子變成習慣之後更難調整。兩側肌肉發展不平衡,對之後走路、站立姿勢等都可能有影響。

3個爬行的引導技巧

戰略 1 順水推舟

適合狀況:交替爬行動作出現的比例較少,需增加交替爬的練習。

由爸媽帶著寶寶的手腳做交替爬的動作,讓寶寶去熟悉並記憶交替爬的動作模式。練習過程需注意2點:

1. 出力幅度:過程中感受寶寶出力幅度,從一開始被動讓大人帶,接著寶寶跟著動一些,然後逐漸自己動更多,如:大人協助動左腳後,寶寶會自己動右腳跟上。

2. 協助程度:觀察到寶寶有自己出力時,就要開始減少協助程度,例如:協助啟動爬行後,寶寶接著自己爬,大人可持續扶著寶寶,只在不流暢時做動作引導,如:寶寶自己讓右腳往前、但左腳沒跟上可能要撲倒了,這時可提醒或協助左腳跟上。

戰略 2 借力使力

適合狀況：腳有蹬的動作，但移動距離不明顯或倒退爬的寶寶。

大人用手掌撐著寶寶的腳底板，讓寶寶腳蹬大人的手掌前進。不過爸媽的手不必推寶寶腳底板，而是要固定著像一個踏板，讓寶寶有施力點；寶寶腳往前移的時候，手掌再跟著寶寶的腳移動位置即可。

如果寶寶開始有肚離地爬的動作，但是會常常身體或臉撲倒，可以用手支撐在寶寶的骨盆或胸口處，協助寶寶身體維持在肚離地的姿勢，進行爬行的動作，隨著力氣提升，大人再慢慢減少協助支撐的程度。

戰略 3 調虎離山

適合狀況：已能爬行前進，但要增加爬行距離的寶寶。

在目的地放置目標物（喜歡的玩具）引誘寶寶前進。剛開始練習，動作可能需要較多準備時間，可稍微等待並鼓勵寶寶。如果寶寶會因為距離較遠而直接放棄，可先從寶寶伸手就可碰到物品的距離開始，讓孩子習慣做動作以取得物品，然後每次增加 1 公分或是差一點點就碰到的距離，鼓勵寶寶多用點力讓身體往前，如果寶寶尚不知怎麼動作，可搭配戰略 1、2 的動作，先完全協助寶寶感受一次整個過程、了解要做的動作，因為有時寶寶不是沒有能力，只是不知道現

在要做這個動作。其實帶寶寶學習新事物都要留意這點，寶寶看似沒興趣，但可能不是沒興趣，而是還不知道要怎麼做。另外，也可用拉繩玩具或用短線綁著寶寶喜歡的物品移動，先將物品放靠近寶寶，待寶寶往前後，再拉線移動物品，鼓勵寶寶持續往前找物品。

安全提醒：有線的玩具，需在陪伴下進行，活動完就要收到寶寶拿不到的地方，玩具安全標準是線長度 30 公分以下。

曼曼老師小提醒

✓ 不論進行任何活動都要「安全第一」，孩子尚未有安全和危險概念前，請大人陪伴下進行。

✓ 過程中若有使用到拉繩玩具，務必使用後收好，平時有繩物品也要收好喔。註：玩具組件有繩子長度不超過30公分。

✓ 請讓寶寶在安全適合的環境練習，如：防撞地面、不會摔落，可參考P.263，爬行墊選擇懶人包。

✓ 寶寶開始翻身和爬之後，要特別當心墜落床面，以及周遭物品要收拾好，寶寶平時看似移動仍緩慢，當看到有興趣的物品，可是會燃燒他的小宇宙，啟動小馬達全速前進、奮不顧身的往目標物衝呀！

誘發寶寶爬行的玩具與練習技巧

家長常提問：「我家寶寶都不想爬，只想躺著怎麼辦？」，有時候寶寶是缺乏爬行動機，不見得是不會爬或是不想動，可以試試看透過「會移動」和「會發出聲光」的玩具來誘發爬行動機。以下是誘發寶寶爬行的 5 個技巧：

技巧 1 玩具的距離

如果寶寶對放得較遠的玩具，覺得拿不到就放棄，這時候就將物品先放在「伸手可得」的距離，讓寶寶先有成功的自信心，然後再將「伸手可得」的距離每次增加 1 公分，讓寶寶必須稍微再出更多力，雖然增加短短的 1 公分，但每次的 1 公分都代表著寶寶的進步，慢慢地增加距離，當寶寶愈動愈多，體力耐力跟著增加後，爬行的距離就會慢慢變長了。

技巧 2 物品移動的速度

建議挑選移動速度較慢的玩具，這樣寶寶才追得到，例如：移動速度較慢的寶寶遙控車，或拉繩玩具，注意不要拉太快。

技巧 3 如果寶寶轉身去找其他物品

這時候就觀察寶寶想要去拿什麼，也許就臨機應變將那個物品做為引導的物品，或者是先將環境中的分心物收起來。

技巧 4 寶寶對玩具都沒興趣

這時可以試試看寶寶跟大人討抱的時候來練習爬行，大人不要直接上前抱起寶寶，而是鼓勵寶寶爬過來靠近大人，然後再抱他。（距離請參考技巧 1）

技巧 5 那寶寶的爬行姿勢需要引導嗎？

要先肚貼地爬還是離地爬？可先不用要求用什麼姿勢爬，先從貼地爬開始即可，先培養寶寶爬行的動機，一般隨著肌力的提升，寶寶的姿勢會慢慢變為肚離地爬。

8個月的寶寶，會發出更明顯的單音囉！

　　除了口腔，8個月的寶寶也會用視覺和觸覺來探索物品。爬行之外，也可能出現坐著時挪動身體來取得較遠的物品的情形。對於有回饋的玩具會重複操作，「重複」是學習、熟練技能的重要過程，寶寶可能會嘗試不同的操作方式，從中找到較有效率的方法，然後不斷地重複直到動作順暢有效率，接著去找下一個要熟練的技能。所以要準備適齡的玩具、操作物，提供能力探索、發展的機會。

　　此外，還會開始會主動發出一些無意義的單音，如：ㄇㄚ、ㄅㄚ，而有意義地叫爸爸媽媽，約在 13 ～ 18 個月出現。除了口語也要持續調整副食品的難度，來訓練寶寶口腔動作、吞嚥與咀嚼能力，因為口腔肌肉控制與協調是未來說話的重要前備技能！

圖表2-24，8個月的參考發展里程碑

♥ 感官知覺	以注視、碰觸來探索玩具[6～12M]
✌ 粗大動作	坐著能移動身體靠近物品[6～9M]
♪ 精細動作	同時伸出雙手拿東西[7～12M]
((◎)) 認知能力	重複玩有回饋動作的玩具[7～12M]
💬 語言能力	發出無意義的單音(如：ㄇㄚ、ㄅㄚ)[5～8M]
👍 生活自理	咀嚼及吞嚥較軟的食物[7～12M]
☺ 社會適應	會怕陌生人[7～12M]

精細動作

喝水同時練習雙手拿東西

★ 關鍵：選擇適合寶寶口功能和抓握能力的水杯。

　　1 歲後要開始戒奶瓶，練習像大人用一般的杯子喝流質，但是要從奶瓶直接轉到杯子較困難，所以練習過程中會依口功能的發展來選擇適合的學習杯、水杯。雖然稱水杯，但可以裝奶或其他流質做練習。

　　至於要從哪個水杯開始，可以先做一個小測試：拿家裡現有的吸管讓寶寶吸水看看，如果有稍微吸的動作且沒有哽嗆，就可以練習吸管杯，但還是要注意後續狀況，如果哽嗆變明顯，由於安全第一，那就要再換到前一個階段的水杯，吸管杯之後再拿出來練習。1 歲前練習水杯的目的不在於水量，而是口腔動作的練習經驗，所以不用要求孩子要喝到某個量，持續慢慢習慣與熟練水杯即可。

鴨嘴杯

參考月齡：約 5 ～ 6 個月

使用時機：從奶瓶過渡到吸管和杯子時使用。

拿取方式：雙握把

跟喝奶瓶的方式相近，以抬手臂倒入口中的方式喝到東西，雙唇包覆和吸的要求較少，所以寶寶比較容易熟悉上手。要注意開口的形式與大小，較大的開口、流量也大，寶寶尚未能控制流量時可能會導致哽嗆。

奶嘴吸管杯（非必須）

參考月齡：吸管杯前的過渡時期。

使用時機：奶嘴頭是寶寶比較熟悉的，更輕易上手。

拿取方式：雙握把

含吸嘴的方式跟奶瓶相近，所以寶寶比較容易熟悉上手。適合使用吸管杯尚未能上手寶寶，屬過渡時期使用。

吸管杯

參考月齡：約 8 ～ 18 個月

使用時機：以吸管測試有微吸動作，且沒有哽嗆。

拿取方式：雙手、單手

愈細的吸管愈費力愈難，吸管愈長愈難，水位愈低愈難，因此寶寶的嘴唇需要更多自我控制的能力，才能避免液體流出。大約 1 ～ 1.5 歲，就能閉唇固定吸管吸。

抿嘴杯（非必須）

參考月齡：開口杯前的過渡時期。

使用時機：過渡到開口杯時使用。

拿取方式：雙手、單手

適合使用開口杯尚未能上手的寶寶，屬過渡時期使用。抿嘴杯可練習抿杯緣，並控制出水量，避免灑出、弄到鼻子或進水量尚未能控制引起哽嗆。當然寶寶若會抿杯緣也可以直接使用開口杯。

開口杯

參考月齡：6 ～ 12 個月大人扶杯子下練習，
　　　　　　1.5 ～ 2 歲，應能自行用杯子喝
　　　　　　水而不弄灑。

使用時機：約 1 歲左右，可積極練習。

拿取方式：雙手、單手

1 歲後逐漸減少使用奶瓶，最晚不超過 1.5 歲。初期選不易摔破、重量輕的水杯，從少量水開始，避免哽嗆和灑出。別忘了稱讚寶寶自己練習喝水的行為「你好棒喔！會自己拿水杯喝了！」練習中難免灑出，勿因此責備或停止讓寶寶自己喝。

曼曼老師小提醒

✓ 1 歲前，水杯練習目的是促進口功能，並非訓練飲水量。

✓ 水杯依寶寶口功能發展來選擇，目標是脫離奶瓶。

✓ 會丟水杯的寶寶，可試試「斜背背帶」或「握把封閉式＋奶嘴鍊」。

✓ 1 歲前，應避免大量飲水，造成水中毒。

水中毒成因：在短時間內攝取「大量」水份，導致血中鈉離子濃度被稀釋，造成低血鈉，進而影響腦部活動，可能出現噁心、倦怠、頭痛、嗜睡、身體虛弱等症狀。

避免方式：了解體重和奶量和水量的計算方式（P.95～96），分次飲水、勿一次大量飲水。原則上尚未添加副食品前不需要喝水，開始添加副食品時，才需要考慮提供水杯，水杯也可裝寶寶本來就在喝的奶來作練習。

寶寶愛丟水杯，怎麼辦？

寶寶練習水杯的階段剛好也在發展丟的動作，寶寶不一定是討厭水杯才丟，通常是想要觀察不同物品受地心引力掉落地面的反應，但因丟水杯可能會造成破損、長期丟可能會變習慣，我們可以透過「輔助小物」來預防，並開始建立正確的「物品概念」。

使用輔助小物：

選擇有背帶的水杯，寶寶喝水時可以斜背，或者有封閉握把的水杯搭配奶嘴鍊，可以預防水杯掉落，這個階段因為能力不穩定，請爸媽陪伴練習，如果觀察到寶寶要丟水杯或不想喝要玩水，就要引導建立概念。

建立物品概念：

練習 **1** 喝完 → 給媽媽

寶寶一開始不知道喝完要放好或給大人，可能就開始玩或丟，所以要教導寶寶：「喝完給大人」。一開始就直接帶著寶寶的手拿水杯給大人，並且說：「喝完給我」或「喝完收拾」，動作和口語提示要同時練習，這樣寶寶才能將動作和動作詞做連結。完成「給」的動作時，要回饋、稱讚：「寶寶喝完收拾水杯，謝謝寶寶，寶寶好棒」。

練習數次後，當寶寶聽到大人說：「喝完給我」或「喝完收拾」，寶寶就會想起，水杯給大人或收拾水杯的動作，持續給予回饋、稱讚，強化寶寶好行為、成為習慣。

練習 **2** 預防 → 避免變習慣

　　這點非常重要，有時大人會覺得孩子還小，現在做沒有關係，長大再教就好。但其實每一次的經驗對孩子都是一次學習、都會產生記憶。寶寶會依據大人的反應，來判斷這件事是否可行，以及這個物品是否可以這樣操作。如果丟水杯沒有被制止，寶寶會誤以為這件事是可以做的，認為水杯是可以丟的，就像球一樣（物品功能都是人為定義的，且透過經驗學習），如果丟了好一陣子，突然被制止，寶寶反而會疑惑：「原本不是可以丟嗎？怎麼不能丟了？」所以，一開始就要讓寶寶習慣依物品功能來使用，水杯是用來喝水的，就用來喝水。

練習 **3** 滿足 → 提供合物品丟

　　寶寶想要丟東西，我們可以提供適當的物品滿足需求，同時很重要的意義是「讓寶寶認識物品有不同功能」，要喝水要找水杯，要丟東西要找球，大人雖然限制丟水杯，但也會提供物品滿足丟的需求，這樣一來寶寶也不會因為被限制而覺得很抗拒。這個概念也很重要，可以應用在各類需制止的事情。當要告訴孩子這件事不能做，同時也必須告訴孩子可以做什麼，因為孩子知道不能做後，但因為不知道該做什麼，往往又回去做不能的事，所以告訴孩子「要做什麼」比「不要做什麼」還重要喔！

　　不過，隨著孩子的認知能力發展，則要慢慢變成「讓孩子自我思考」多於「大人一直提醒他」。以水杯來舉例，初階引導方式為：「水杯喝完給媽媽」，進階引導方式會變成：「喝完要怎麼樣呢？」或者先不詢問，先觀察孩子喝完的反應，最終期待孩子能自己記得，主動將水杯放回桌上。大人也切莫將提醒變成一種習慣，

0 ~ 3 個月

4 ~ 6 個月

7 ~ 9 個月

10 ~ 12 個月

13 ~ 15 個月

16 ~ 18 個月

19 ~ 21 個月

22 ~ 24 個月

看到孩子快喝完就說：「喝完放桌上」（由上述可知這是初階的引導），孩子也可能習慣或依賴這種提醒，反而減少自己思考的機會，變成一個指令才做一個動作。

嬰幼兒每日水分攝取量計算公式

每日水分攝取量不只是喝水，包含所有飲食所含的水分，如：白飯、奶、流質食品、湯、果汁、粥、水果泥皆列入計算，並非單指白開水的量，1 歲以下的嬰幼兒腎臟未發育完全，水分攝取來源主要是奶和副食品，並非白開水。如果天氣熱容易流汗，更要留意寶寶的水分是否足夠，水分是否足夠可以從 3 個面向「排尿量、水分攝取量、缺水的表現」來觀察：

1. 每日排尿量：

一般比較簡單的觀察方式是「1 天至少換 6 次尿布，且濕濕重重、顏色清淡沒有味道」。如果覺得不確定要怎麼樣才算是濕濕重重，或者有生理狀況要監控，需要更明確的量化，可參考下表來計算（每小時每公斤平均排尿量），可以用秤重確認，不過尿量的多少也受到體溫高低、食物種類、活動量的多寡及精神因素所影響，不是單純奶量所影響，應綜合觀察。

圖表2-25，每小時每公斤平均排尿量表

階段	平均排尿量	計算範例
1歲以下	2 ml / kg /小時	5公斤×2ml×3小時=30ml
幼兒	1.5 ml / kg /小時	10公斤×1.5ml×3小時=45ml

2. 水分計算：

下表為嬰幼兒每日水分攝取量的計算公式，計算前要先量測寶寶「目前體重」，在家測量方式為：

大人抱寶寶一起量的體重－大人體重＝寶寶體重

因為不同體重使用的水分計算公式不同！再次提醒，一般 6 個月內不須特別喝水，正常喝奶的水份已足夠，6 ～ 12 個月主要透過奶量和副食品補充水分，當便祕或天氣熱流汗多可視情況補充 50 ～ 100c.c. 以內，若沒有把握可諮詢醫師。

圖表2-26，嬰幼兒水分攝取量計算參考方式

體重(公斤)	計算公式(c.c.)	說明
奶類為主食的寶寶（約6個月內）	正常餵食母奶／配方奶的寶寶不需額外喝水。奶量計算參考公式：（150～200）×體重＝一天總奶量	此階段若過度攝取水分反而會影響奶量攝取，可能造成黃疸、體重過輕，嚴重甚至會引起水中毒。
吃副食品至1歲	主要從副食品和奶獲取水分，每日的總水分足夠，不一定要飲水。依體重選擇計算公式。	❶ 湯、果汁、粥、水果泥等都有提供水分，皆列入水分計算 ❷ 若便秘、尿量少、天氣熱、流汗等等可視情況增加水分（約50～100c.c.）❸ 如生病發燒、腹瀉、嘔吐、食欲不振，則應就醫由醫師評估是否有脫水情況及該如何補充水分。

圖表2-26，嬰幼兒每日水分攝取量計算參考公式（續）

體重(公斤)	計算公式(c.c.)	說明
3.5～10 公斤	體重×100	舉例：若寶寶9.5公斤，則使用此區間公式：9.5×100＝950（c.c.，每日需攝取總量）
11～20 公斤	（體重-10）×50＋1000	舉例：若寶寶15公斤，則使用此區間公式：（15-10）×50＋1000=1250（c.c.）
21～30 公斤	（體重-20）×20＋1500 但每日上限為2400c.c.	舉例：若寶寶22公斤，則使用此區間公式：（22-20）×20＋1000=1540（c.c.）
成人（媽媽也要記得喝水）	體重×30	健康成年人約最少要1500c.c.，最多不超過3500c.c。除此之外還需因個人所處環境、活動量、運動量等而增減。 餵母奶的媽咪，餵、擠完奶總是特別口渴，在哺乳/擠奶前喝200～300c.c.的水，乳汁分泌和排出也會更順利！

　　基本上，如果孩子排尿量正常，也沒有缺水的表徵，不須要仔細計算，但如果孩子水分不足且便秘嚴重，則可計算以了解水分攝取量，或選擇含水量較多的食物來補足。如果孩子身高體重成長受

到影響，或有特別生理需求，可諮詢營養科的專業建議。

此外，提供食物含水量的參考值，計算方式：

食物的重量 (gm)× 含水率 (%)= 水分量 (c.c.)。

圖表2-27，食物含水量參考表

類別	含水率	日常參考量（c.c.）
乾飯	56%	1碗約200g，水分約112c.c.
稀飯	86%	1碗約250g，水分約215c.c.
熟麵條	60%	1碗約120g，水分約72c.c.
湯	98%	1碗約200g，水分約196c.c.
肉	77%	1份約30g，水分約23c.c.
嫩豆腐	90%	1塊30g，27c.c.
青菜	92%	1份約140g，水分約126c.c.
水果	84-93%	葡萄（84%）、木瓜（85%）、棗子（87%） 柳丁（88%）、水梨（89%）、蓮霧（91%） 香瓜（91%）、聖女番茄（91%）、哈密瓜（91%） 紅西瓜（91%）、黃西瓜（93%）

※ 副食品添加順序可參考P.221，1歲以前副食品菜單

缺水的表現

除了了解每日攝取水分量，可同時留意水分不夠的疑似表現。若需進一步處置，需要經由醫師評估是否有脫水及了解應該如何補充水分。

0 ~ 3 個月

4 ~ 6 個月

7 ~ 9 個月

10 ~ 12 個月

13 ~ 15 個月

16 ~ 18 個月

19 ~ 21 個月

22 ~ 24 個月

表徵	說明
活力不佳	孩子缺水時，精神狀況會較差，覺得整個人疲倦、無精打采。
尿量減少	換尿布發現尿布重量變輕，不僅尿液不足，而且顏色深、味道重。原則上，1歲前的嬰幼兒每天應換6次以上的尿布，如果低於6次，可能代表水分攝取不足。
便便乾硬	便便比較乾硬，解便花得時間比平常更久，可能是寶寶有輕微的便祕情形。
口腔黏膜較乾	嘴巴張開沒有口水，在正常情況下應是溼潤的狀態口腔黏膜較乾亦代表輕度脫水，體重可能減輕3%～9%。
體重減輕	如果因為腹瀉、嘔吐、流汗而流失大量水分，可能會出現脫水，也會造成體重減輕。
哭不出眼淚	哭泣沒有眼淚，是身體脫水的典型症狀之一。
眼窩或囟門凹陷	為脫水症狀。
血液回填速度慢	當寶寶的身體缺水，按壓他的皮膚時，會發現皮膚的血液回填速度較慢。
四肢冰涼	從體溫觀察。輕中度的脫水，四肢摸起來會覺得涼涼的；如果脫水較為嚴重，四肢摸起來會冷冷的，甚至膚色呈現紫色，類似大理石的斑紋。

9個月寶寶，開始理解大人表情和語氣，並能回應

9 個月的寶寶聽覺辨識能力又更好了，可聽出熟悉人聲是誰，也會開始看大人表情，作出不同反應，例如：看到大人笑臉，跟著作出笑臉，大人假裝哀傷的表情，寶寶也可能因此開始哭。粗大動作則能扶著物品站起來，但因平衡和肌力尚不穩定，寶寶可能會跌倒或軟腳，要特別注意環境的安全避免嚴重的撞傷，例如：家具尖角和牆角加裝防撞，硬的積木、玩具不玩時要收起，而寶寶站起後，探索的範圍與高度又增加，要留意桌巾和檯面上的易碎物品。

站與爬可能會同時發展，只要注意寶寶不要整天只站著、避免都沒有爬行即可，如果寶寶一直站著，也可以留意是否爬行的活動太過無聊，站著太過好玩，試著增加爬行活動的有趣度。

圖表2-29，9個月的參考發展里程碑

♥ 感官知覺	認出熟悉人物的聲音[6～12M]
粗大動作	拉著物體自己站起來[9～12M]
精細動作	拿兩件玩具互敲[7～10M]
((o)) 認知能力	揮手表示再見[7～14M]
語言能力	能分辨表情，並有適當反應[7～12M]
生活自理	用門牙咬斷鬆脆的食物[7～12M]
☺ 社會適應	重複逗人笑的動作[7～12M]

帶寶寶練習揮手與拍手

★關鍵：建立因果關係並重複練習。

常有家長詢問：「如果孩子都沒有跟著揮手、拍手，該怎麼辦？」「一直教還是不會做，怎麼辦呢？」首先，拍手和揮手對寶寶而言比較抽象，因為這兩個動作都是人賦予意義的，不像抓握是出於本能要獲取物品。所以，我們要先讓寶寶認識這兩個動作的「因果關係」，然後不斷重複產生連結，寶寶就會了解動作所代表的意義，然後在相同情境中使用。

其中，拍手在這階段主要是用以觀察動作發展：雙手是否能做靠合的動作。所以除了拍手也可以用其它雙手靠合的活動來觀察，例如：寶寶可拿 2 個物品互敲。再次提醒發展皆有學習區間，當月未出現勿過度驚慌，先確認是否有練習經驗與足夠的練習次數？如果都足夠則再確認目前的引導方式是否能讓孩子理解？是不是要講解更細？以下說明如何「建立因果關聯」和「練習技巧」：

建立因果關聯

也就是讓孩子明白為何要做這個動作。有時孩子是沒有理解動作和情境的關聯性，所以，當情境出現時沒有連結動作，如：爸爸要出門說再見時，孩子當下注意力在玩玩具，沒有真的接收到爸爸要出門的聲音和動作，所以沒有做出掰掰的動作。

或者引導的方式不是孩子目前能理解的，如：孩子需要動作示範才能理解，對掰掰或再見的詞彙尚不理解，所以聽到掰掰也不知道要做什麼。此外，練習時不是在該情境中，則可能孩子會做動作

但不知道什麼時候要做，如：不斷練習掰掰揮手的動作，但沒有人真的要離開再見，孩子就無法了解：在有人離開時要做這個動作。所以練習的情境，最好是在生活中會出現的情境，如果覺得自然練習的機會很少，可以思考怎麼增加，如：除了家人出門時練習揮手再見，也可以用在搭電梯或外出散步，跟鄰居打招呼或再見，去商店購買物品離開時，也可以練習說再見。

圖表2-30，揮手再見的因果順序

所以，在練習階段，道別的人可以放慢出門動作，讓孩子確實看到您的肢體動作與語言，引導的人先示範揮手再見，讓孩子看到您的示範，孩子一開始需要多看幾次才能理解這個互動的流程，所以一開始可以示範完就帶著孩子做一次，這時記得做完後，道別的人就出門，這樣「道別」的訊息會較明確，如果道別完，人一直沒出門一直在，孩子就較難連結掰掰和離開的關係。

然後，帶著做幾次後，感覺寶寶可能已經有產生連結、可能記得了，可以試試看先不帶領寶寶，觀察孩子是否能跟著做或自己回想起，建議等待至少 10 秒，過程就注視著孩子、等待孩子反應，如果時間到了仍沒有反應，可以再示範一次揮手再見的動作並說：「換你掰掰」，如果還是沒有反應，就再帶著他做動作，再練習一次。下次仍先等待約 10 秒，觀察寶寶反應。

拍手練習的概念大致同上，一樣先從讓孩子理解「為何要拍手」，例如：成功將玩具按出聲音、順利嘗試新的食物等，任何值

得拍手回饋的事情都是練習機會。大人先示範哪些情境會拍手稱讚，讓寶寶模仿。如果一時找不到拍手的事情，那就先大人操作然後自己拍手為回饋，讓寶寶有機會看到前後因果關係，例如：媽媽成功按壓聲光玩具，拍手並說：「媽媽壓玩具，好棒！拍拍手！」然後說：「換你」。不過如果找不到可以拍手的情境或表現，需要優先引導的反而不是拍手，而是要先增加操作廣度或開發興趣。

練習技巧

技巧 1 適當減少協助，增加獨立性

大人帶的位置愈靠近做動作的部位則協助愈多，愈遠則協助愈少。拍手和掰掰都是以「手」為主要動作位置，所以我們一開始可以帶著手做，接著帶手腕，然後帶手肘。而過程協助的比例，協助全程為多，協助啟動後由孩子接著自己完成，則協助程度為少。

技巧 2 足夠的等待時間

剛學習的事物，大人也需要回想一下再動作，孩子也是如此。孩子需要時間回想上次同樣的情景做了什麼事，然後再做出反應。如果大人等不及就帶著孩子做，或說：「你要說掰掰呀！」以為孩子不會或不主動，而提早提示，久了可能會變成孩子習慣大人先提示再做動作。一開始等待 3～5 秒都可能太少，經驗上，可等待 10 秒再視情況引導，但每個孩子狀況不同，需要觀察孩子當下眼神和表情反應，如果孩子雖然未有動作、但顯露出專注思考的表情，這時就要耐心等待，如果孩子神情是漂移的、在看其它地方，就要確認孩子是否有接收到訊息，引導孩子回到當下的情境中。

辨識表情與語氣的重要性

語言能力

★關鍵：**大人的表情和語氣必須有明確的區別。**

　　這個階段的寶寶開始會區辨差異較大的「表情」和「語氣」，例如：大人微笑會跟著笑，對凶凶的語氣可能會有癟嘴想哭的反應。如果寶寶對不同表情和語氣，尚未有明顯反應，大人可以試著將表情和語氣「誇張」並做出區別，例如：要制止寶寶的行為，語氣使用低沉和加重，孩子比較會停下來，若是用平時的語氣來制止，則孩子可能沒有理解大人是在制止他。也就是這階段的寶寶雖然不理解語言的內容，但能理解不同語氣和表情，透過語氣和表情來猜測大人的語意。

　　所以，大人要留意自己的表情和語氣要符合說話的內容，孩子才能依據你的語氣和表情，來判斷自己當下的行為是被禁止還是鼓勵，例如：孩子要摸電風扇，如果語氣太過溫柔或平常，寶寶就可能以為大人在跟他互動而不是制止，而演變成愈講愈開心繼續弄。另一種情況是大人的語氣表情都正確，但孩子尚未能察覺或判斷語氣表情的意思所以無法作出反應，這個情況孩子也無法透過說來制止，必須大人直接帶開，讓他了解要停止該行為。

曼曼老師小提醒

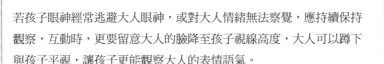

若孩子眼神經常逃避大人眼神，或對大人情緒無法察覺，應持續保持觀察，互動時，更要留意大人的臉降至孩子視線高度，大人可以蹲下與孩子平視，讓孩子更能觀察大人的表情語氣。

即將開始行走，食物也能更多元了！

將近 1 歲的寶寶，即將要踏出人生中的不需攙扶的第一步了，更有能力去探索取得環境中的物品，爸爸媽媽請繼續給與安全的練習環境喔！另外，副食品的部分可以持續提供新種類，食物大小則可提供好壓爛的丁狀、塊狀的食物，繼續加強寶寶的咀嚼能力。

　　10 ～ 12 個月的寶寶移動範圍和速度持續增加，繼上個階段扶著站後，會開始扶著走，爬行也從肚貼地變成肚離地，表示出肌力持續增加、手腳動作的控制與協調愈來愈熟練，接著開始出現放手站和放手走。其中要注意因為寶寶平衡能力尚不穩定，寶寶可能在嘗試的過程跌倒撞傷，要特別留意環境安全。而如果孩子個性較謹慎，可能因為跌倒疼痛經驗，讓之後放手站或走的意願大幅下降（如：孩子動作和力氣都很好，但就是不敢放手走，一沒有東西扶就馬上坐下），所以大人在初期的練習可以給予適當的保護，協助維持平衡，讓寶寶有安全感，並觀察反應。

　　這階段的副食品可持續增加新種類，尤其是蛋和肉類。食物的大小開始提供細碎塊狀和小丁，但軟硬度要像豆腐一樣，用湯匙就可壓爛，這樣寶寶的牙齦或舌頭和上顎才能壓爛食物，練習初步的咀嚼動作，所以咀嚼不是有牙齒才能練習，未長出臼齒前，需提供牙齦可壓爛的食物讓寶寶練習，有臼齒後再進一步練習更難咀嚼的食物。一樣要以安全第一，從少量、漸進的方式觀察寶寶吞嚥咀嚼的反應（掌握比例原則，不用整碗從泥都換成細碎狀，可以先從加入 1、2 口細碎開始，觀察寶寶吞嚥咀嚼狀況，再增加比例，直到

整碗都變成細碎狀的食物）。如果調整食物顆粒大小後，孩子仍未出現咀嚼，還是用吞的，可確認一下湯匙送入寶寶嘴巴的位置：如果是在舌頭上方，容易直接吞，如果湯匙往兩側牙齦位置送入，較能出現咀嚼和舌頭側送的動作，所謂「舌頭側送」指的是舌頭會將食物往牙齦的位置推送，以便食物能被咀嚼，下次爸媽們自己吃東西時，也可感受一下自己舌頭的動作。

因為我們吞嚥能力很好，其實不會把食物都咀嚼成泥才吞下，即便塊狀也吞得下去，所以有時候孩子不咀嚼就直接吞，是因為食物的大小對他而言是可直接吞嚥，就沒有咀嚼。所以，要留意吞嚥咀嚼狀況，來調整食物。如果一直都沒有練習到咀嚼，口腔的肌肉動作和力量練習就會較少，人天生會選擇較輕鬆的方式，若等孩子大了才開始練習，抗拒的反應自然會比較強烈，而增加練習的困難度，所以雖然一開始練習吃副食品的過程比較辛苦，但保持練習讓寶寶進步獨立，就會愈來愈輕鬆的。

10個月寶寶，透過模仿學習各種新事物

這個時期的寶寶模仿能力會變得更明顯，像是模仿操作物品、玩具、模仿大人說話等等，既然是模仿就表示有「模仿的對象」，可能是大人、同儕、路人。孩子的學習幾乎都是從模仿而來，這牽涉到一個常見的問題：「我的孩子都不玩玩具」，但有時候不見得是孩子不玩，而是還不知道怎麼玩，也或者玩具令他覺得無趣，反而選擇其他更有趣的活動，這時候我們可以想辦法讓活動變得有趣，如：透過大人的互動、編故事、找他喜歡的部分去引起動機。

如果這些太難，就先從你玩給他看，「看」也是一種學習方式，

就像是大人常用的物品，孩子看久了也會模仿大人操作，如：按遙控器。而寶寶與主要照顧者分離時也會出現焦慮現象，雖然照顧者可能會有點困擾，但也顯示出寶寶的依附關係和認知持續發展中。

圖表2-31，10個月的參考發展里程碑

♥ 感官知覺	看到照顧者或喜愛的玩具會開心[6～12M]
ᴗ 粗大動作	扶著家具邊緣會移步[10～12M]
☝ 精細動作	用拇指和食指撿起小東西[7～10M]
(◉) 認知能力	叫他他會來[10～12M]
💬 語言能力	模仿簡單的單音，如：ㄚ、一、ㄨ[6～11M]
👍 生活自理	舌頭能將食物送到兩側咀嚼[7～12M] 能抓住湯匙[10～12M]
☺ 社會適應	與主要照顧者分離時會有焦慮現象[7～12M]

精細動作

抓放能力、抓握動作觀察
★關鍵：會把一些小東西放入容器。

這個項目主要是觀察寶寶的抓放能力、抓握動作的發展，但因為寶寶可能會把小東西放嘴巴，所以用食物來練習相對安全，例如：

106

將掉在桌上的食物撿起、將手指食物放入碗中，都是將練習融合到日常生活中的好方法。

此外，遊戲中也可以觀察寶寶抓放玩具的動作，如果帶領時，感覺寶寶對於將物品放入容器中並沒有興趣，可試看看讓放東西到桶子這個活動變得更有趣，例如：球球放入桶子會「咚」一聲，孩子可會因為想再聽這個聲音而繼續操作，或者是將物品放入軌道中，物品會滾動也能引發孩子的抓放動機。

觀察寶寶初期的語言發展

語言能力

★關鍵：玩聲音和肢體動作，都是語言表達的基礎。

很多家長會詢問：「如果寶寶不會說話，要什麼時候帶去看醫生？」語言發展不只是用開口說話來觀察，寶寶每個階段都有要發展的語言能力，例如：出生開始會觀察寶寶聽不聽得到？會不會有反應？反應是否正確？能不能發出聲音？哭聲的狀態？都些都是語言發展的表現，如果該階段應發展的項目遲遲未出來就要開始留意，例如：寶寶 8 個月就會發出單音，發出單音跟講話不同，「尚未叫爸爸媽媽，但會發出聲音」跟「尚未叫爸爸媽媽，而且從來沒發出聲音」，這兩種狀況就不一樣，前者有出現前備技能（發聲），後者沒有出現前備技能，後者應積極了解沒有發出聲音的原因。

因此，雖然發展有快慢，但我們還是需要留意寶寶目前已經發展出的項目到哪個階段？如果進度有落差，意指超出一般發展區間仍未發展出來（每個發展項目後面的區間表示 90％ 的寶寶能在該區間發展出該能力），應找出落差的原因來引導孩子學習，並尋求

專業人員協助，透過專業找出適合孩子學習策略與如何處理目前遇到的困難，愈早找到方向和方法，學習的過程才能愈來愈順利。

社會適應

依附關係與分離焦慮的調適

關鍵：增加其他照顧者與寶寶相處機會，跟寶寶預告即將發生的事情。

寶寶與主要照顧者分離時會有焦慮現象，如：哭泣、尋找、拒絕，表示寶寶認得主要照顧者且建立出依附關係，每個寶寶反應強度不一，例如：家人都有一起幫忙照顧跟只有媽媽一個人帶比較起來，後者主要照顧者的依附關係會比較明顯，而出現分離焦慮是正常發展，不是孩子愛哭或故意只黏一個人，而是依附關係較緊密。

如果黏媽媽，已經讓媽媽喘不過氣，可以想想是否爸爸或其他家人較少與寶寶互動？還是不知道該如何互動，需要示範互動方式？建議可先從遊戲時間來增加互動，因為遊戲時間通常比較愉快，玩玩具較容易上手，主要照顧者可以和家人分享寶寶喜歡玩哪些玩具，示範一次怎麼跟寶寶玩，讓其他家人可以具體了解，再讓他們試一次，媽媽可以陪伴一段時間，確認成功互動後再離開。

另外，看到陌生人會害怕跟分離焦慮不太一樣，例如：過年有些長輩想要抱寶寶，寶寶不給抱，可能就會說：「很黏媽媽喔！」但這些長輩對寶寶而言是第一次見面的陌生人，寶寶會怕陌生人也是正常的。可在進門時先預告家人們：「寶寶到陌生環境和對比較陌生的人會比較緊張，等環境熟悉一下，大家再抱他喔！」有時候直接抱，寶寶太過驚嚇，接下來可能就會拒絕抱抱了，並且緊張地抱著爸爸媽媽不放。分離的課題在之後的成長過程還會持續面臨，

掌握「預告」、「不強迫獨立」、「提供適應的時間」，讓孩子了解到有些分離 ≠ 不安全，例如：上了幼兒園，雖然要跟爸爸媽媽分開，但這裡有老師會照顧他，慢慢與老師建立依附關係，並預告下課時間到了，爸爸媽媽會再出現，如果比平常要晚接孩子，建議除了預告老師，也要和孩子說。

11個月寶寶，可以開始練習放手站立了！

現在，寶寶開始知道自己的稱呼了，例如：名字、小名。不過如果家人稱呼的方式差異太大、種類太多，例如：有人叫全名，有人叫小名，有人叫其他綽號，可能會影響寶寶反應的正確性。能對名字叫喚有反應很重要，因為如果不小心走散了，我們通常都會叫喚名字來找人（不過還是不希望遇到這種情況，所以大家外出還是要隨時牽緊孩子）。

而粗大動作方面，寶寶之前要扶著物品才能站，現在慢慢地開始出現短暫的放手，而部分孩子過了 1 歲仍無法放手站，但牽手或扶著都可以站、走得很好，有一部份原因是孩子對於放手的不安全感，一部份是孩子基礎能力需要加強，後面會說明練習方式和需具備的基礎能力。

11 個月的寶寶開始會記得一些他常見、常聽到的「物品名稱」，通常是透過「他經常看到」和「大人說給他聽」這 2 種方式學習，如果是寶寶不常看到也沒聽大人說過，寶寶就會不知道這個物品名稱而沒有反應。另外，寶寶也開始試著用「肢體動作」表達需求，像是想要某個人、物品、要去哪裡等等，在生活中，可以製造一些機會讓孩子試著表達，例如：遊戲時間到了問孩子：「想

玩什麼？」來觀察孩子反應，或提供 2 個玩具選項，詢問孩子：「想要玩哪一個？」這個階段主要是看孩子向他人表達需求的互動，所以不一定要用食指指，明確動作或朝某個方向伸手方向讓大人能了解也算是成功。

圖表2-32，11個月的參考發展里程碑

♥ 感官知覺	對自己名字的叫喚，有適當反應[6～12M]
👌 粗大動作	獨自站10秒，牽一手走[11～13M]
👆 精細動作	能撕紙[10～12M]
(( )) 認知能力	能分辨出熟悉的物品[9～11M]
💬 語言能力	分辨熟悉的手勢動作並有適當反應[6～12M]
👍 生活自理	閉合雙唇抿下湯匙的食物[6～12M]
☺ 社會適應	以動作表示要去的地方或東西[11～12M]

💪 粗大動作	**帶寶寶練習放手站立** ★關鍵：全身肌肉力量足夠，慢慢培養平衡感。

在帶著寶寶練習放手站立前，可先確認寶寶是否已經具備了爬行、扶物站、維持坐姿和回正的能力。

圖表2-33，放手站的前備技能

爬行	扶物站	放手坐
● 增加全身肌力。 ● 身體要維持站立姿勢需要足夠的肌力、耐力。	● 扶物站和放手站，差異在於後者需要更多平衡能力。	● 維持姿勢的能力。 ● 當身體歪斜要倒前能將身體回正。

如果發現寶寶大肌肉沒有力氣，該如何訓練？例如：還無法自己走路，但牽著就可以走，最近才開始會自己扶著沙發走路，爬樓梯感覺沒力氣踩上去。其實肌肉力量可以透過幾個活動來加強：

❶ 仰臥起坐：增加身體核心的肌力。

❷ 蹲站：如果孩子會扶物走，可以將盒子放在沙發上，然後物品放在地面，請他從地上將物品一一撿到沙發上的盒子中，也可以用形狀鑲嵌盒來帶這個練習。

❸ 在孩子體力範圍內，扶物走和牽手走。

❹ 增加爬行活動的挑戰：可以用毯子或抱枕墊出高低起伏的關卡，讓寶寶翻山越嶺，藉此促進到整體的肌力。

確認寶寶有了足夠的前備能力後，放手站的引導與練習，也有幾個策略供爸爸媽媽參考：

策略1 準備寶寶喜愛的玩具或物品

寶寶要做出任何動作都需要有動機或目標物。如果只是單純請寶寶爬、站、走，在不了解為何而做的情況下，通常意願會很低，大人會感覺好像寶寶都不想做，所以可以用寶寶喜歡的玩具或物品，先有動機和目標，以提高動作意願。

策略 **2** 支撐物的運用

先從後方有安全支撐的位置開始練習，例如：貼牆站和背靠著家具站立。大人在前方用孩子喜歡的物品和寶寶互動，例如：用寶寶喜歡的貼紙來做引導，寶寶先屁股貼著沙發，大人站在寶寶前方，一開始寶寶可能會想扶大人，就先讓寶寶扶著，這時大人要將寶寶的注意力引導到貼紙上，然後，寶寶在把玩貼紙的時候，大人漸漸地把扶他的手放開，然後雙手張開在兩側保護，或者輕牽寶寶衣服肩線來協助維持平衡。

策略 **3** 物品引導的高度

物品位置要在孩子直立起來的「視線高度」，寶寶才容易維持直立。位置要剛好，如果物品位置太高，寶寶的脖子會後仰，較不舒服，若物品位置太低，寶寶會想直接坐下拿物品。

策略 **4** 安全感的建立

在練習前告訴寶寶：「我會保護你」，並在快要失去平衡跌倒時，協助回正姿勢。尤其如果寶寶容易因為挫折而不願再次嘗試的話，初期練習時，必須先讓寶寶感受到：「雖然這個練習有點難，但是爸媽會保護我，我可以放心練習。」

策略 **5** 牽扶的程度

當寶寶一直無法放手，一定要有牽扶才安心時，可以告訴寶寶：「爸媽會幫忙你」，但是幫忙不一定要牽手，可以是牽著寶寶的衣服肩線（有協助，但協助程度較少），告訴寶寶：「爸媽有牽著，

這樣不會跌倒」。牽衣服肩線可協助寶寶維持平衡，又可以讓寶寶體驗放手的感覺。此技巧也可應用在練習「放手走」的後期，透過減少協助程度，增加寶寶自主維持平衡的能力。

策略 **6** 讀秒的運用

也可以試著跟寶寶說：「我們來試試看可以數到幾！」，讓過程更有時間感。記住每次的秒數，每當有增加 1 秒都是進步喔！

精細動作

愛撕紙是一種發展表現

★ 關鍵：搭配主題、勞作或黏貼，讓撕紙更有功能性。

撕紙主要是看寶寶「雙手操作能力」的發展，在發展篩檢中蠻常會觀察這項目，因為紙是日常中容易取得和觀察的物品，所以在每月發展指標中列了這個觀察項目。

但不建議優先或只用撕紙作為雙手操作練習活動，需要搭配黏貼勞作、創作才比較有功能和意義性。以這個階段，雙手操作活動還有很多選擇（可參考 P.196，0 ～ 24 個月作息與玩具）。等孩子較大後，撕紙可以搭配黏貼的活動，讓撕這個動作更有意義（為了完成黏貼作品而撕）。

如果要加強撕的動作，可以用要碎的資料或不要的紙來做練習，並同時要教孩子：哪些紙可以撕？哪些紙不可以撕？避免孩子看到紙就撕，反而撕了不該撕的故事書。不過，也可能發生還沒教寶寶撕紙，就自己撕起故事書了，這是因為發展的過程剛好到了「撕」的動作要萌發，寶寶自行探索就發現這個動作的關係。

0~3 個月

4~6 個月

7~9 個月

10~12 個月

13~15 個月

16~18 個月

19~21 個月

22~24 個月

113

但因為撕故事書是不適當的行為，所以還是要開始教寶寶書本不能撕，是用來看的，然後提供可撕的紙來滿足寶寶動作練習的欲望。同時，這階段書本也可以優先選擇厚頁書、布書，較不會被破壞，薄頁書則先由大人拿著閱讀，可避免不小心被撕破。

((o)) 認知能力　分辨熟悉的物品
★關鍵：有認識該物品的經驗，再透過活動觀察。

「熟悉的物品」指的是寶寶每天常使用或看到的日常用品、玩具等等，在這個階段「分辨」的表現包括：用手拿、用手指、說部份物品名稱的音、視線看著該物品。

練習時，可拿 2 個寶寶熟悉的物品，讓寶寶從 2 個物品中分辨出大人指定的物品，例如：大人拿著奶瓶和書，問寶寶：「書本在哪裡？」，如果寶寶有「眼睛直盯著書」、「手伸向書」等等動作，都是有分辨出書的反應。

其中，以這個方式練習，寶寶要先「聽得懂該物品名稱」，因為如果寶寶聽不懂「書」這個詞，當然不會去找到書，所以，如果當寶寶選對的機率很低或是感覺他是用猜的，要先回頭確認寶寶是否聽得懂這個名詞。除了用問的，也可以在生活中觀察這個能力，例如：寶寶喜歡玩球球，大人把球球跟其他玩具放在一起，看寶寶能不能找到球球？這種方式，就不一定要聽得懂球球這個詞，但也可以觀察寶寶有沒有分辨物品的能力，不過前提是大人要能確認寶寶當下有明確要拿的物品。

12個月寶寶，開始對色彩和塗鴉有興趣

隨著寶寶的移動能力增加，探索的區域也增加，周遭的物品對寶寶都是很新鮮的，寶寶充滿了好奇，想要觸摸感受每個物品的感覺與不同，所以這時候的寶寶會東摸西摸是很自然的探索行為、學習行為，但寶寶還沒有危險概念，所以比較危險的物品務必收起來或加裝安全裝置。寶寶也會開始出現「蹲站」的動作，用以調整自己的高度來探索家具和地面的物品，並隨著力氣和平衡感的建立，開始慢慢放手走。

也會開始對顏色和筆產生興趣，雖然是塗鴉亂畫，但從中可認識筆的功能以及觀察運筆動作與線條的關聯性，這時請把握孩子對畫畫的主動性，提供適當的畫畫的環境、適合抓握的畫具、手指顏料等等，培養顏色概念、運筆動作與美感概念。

語言認知、生活自理能力逐漸增加

而寶寶看到鏡子中自己的影像會有些反應，例如：對著鏡子笑、凝望或觸摸鏡子中的影像，這是寶寶在探索自己和認識自我的過程，爸媽只需要日常中提供活動機會，觀察寶寶反應即可，不須特別訓練。這時候的寶寶也會試著用「肢體動作」來表達意願，例如：搖頭、點頭、揮手、推開或拿的動作等等。另外，對爸爸媽媽等稱謂使用也更正確（不會對著爸爸叫媽媽）、更有功能性（叫媽媽以解決問題或滿足需求）。

隨著副食品練習，約 12 個月能咀嚼吞嚥細碎的食物（約 0.5～1 公分）。如果對孩子發展有疑慮，可趁 1 歲打預防針時，請醫師進行健康檢查，或電洽附近衛生所是否有發展篩檢服務。

感官知覺	看到有趣的玩具會主動觸摸[6～12M]
粗大動作	能單獨走幾步，蹲著可以站起來[12～16M]
精細動作	把一些小東西放入杯子[10～14M]
認知能力	用肢體動作表示要或不要[7～12M]
語言能力	有意義地叫爸爸、媽媽[12～18M]
生活自理	能咀嚼吞嚥細碎的食物[6～12M]
社會適應	看到鏡中的自己會有反應[6～12M]

感官知覺

觸覺敏感的判斷

關鍵：多方觀察觸覺反應，再提供適合的活動。

　　觸覺敏感通常不會只看一個活動來判斷，會觀察日常中多個觸覺活動的反應，因為如果是觸覺敏感表示觸覺的閾值較低，即便接觸一般強度的刺激也會引發不適或過度反應；反之觸覺閾值較高的表現是頓感，每個人對各種感官刺激的閾值都不相同，下列為觸覺敏感的日常觀察項目，可視寶寶情況勾選。

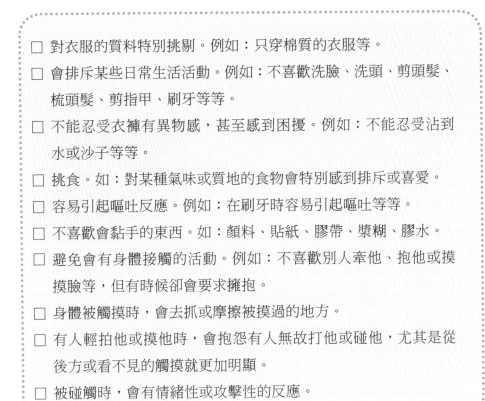

□ 對衣服的質料特別挑剔。例如：只穿棉質的衣服等。

□ 會排斥某些日常生活活動。例如：不喜歡洗臉、洗頭、剪頭髮、
　梳頭髮、剪指甲、刷牙等等。

□ 不能忍受衣褲有異物感，甚至感到困擾。例如：不能忍受沾到
　水或沙子等等。

□ 挑食。如：對某種氣味或質地的食物會特別感到排斥或喜愛。

□ 容易引起嘔吐反應。例如：在刷牙時容易引起嘔吐等等。

□ 不喜歡會黏手的東西。如：顏料、貼紙、膠帶、漿糊、膠水。

□ 避免會有身體接觸的活動。例如：不喜歡別人牽他、抱他或摸
　摸臉等，但有時候卻會要求擁抱。

□ 身體被觸摸時，會去抓或摩擦被摸過的地方。

□ 有人輕拍他或摸他時，會抱怨有人無故打他或碰他，尤其是從
　後方或看不見的觸摸就更加明顯。

□ 被碰觸時，會有情緒性或攻擊性的反應。

　　從上述項目可得知，觀察項目涵蓋日常盥洗、飲食、身體接觸、操作活動，也不是單看一次活動中的反應，而是一段期間內的反應，例如：三個月以來，做這件事都是一樣的反應。加上是否影響到日常參與或容易有情緒產生，如果情緒平穩或不影響大多數日常活動參與，則在作息中增加觸覺類的活動，以提升觸覺接受度和調節能力即可。如果嚴重影響日常參與並有強烈的情緒反應，家長引導下還是十分困難，建議尋求職能治療師的協助。

日常可進行的觸覺活動與遊戲

GAME 1 收納箱球池

- 器材：大收納箱或球池1個，球1袋。
- 活動方式：
  ① 孩子坐入球池，感受球池的觸感。
  ② 球球雨：用容器裝球，淋在身上。
- 活動變化：找指定顏色的球、球池
  尋寶（找指定物）。

GAME 2 圓點貼紙

- 器材：0.5～1公分大小的紅、綠、
  藍色圓點貼紙。
- 活動方式：將圓點貼紙貼在不同的
  身體部位，請孩子找到貼紙。
- 難度調整：
  ① 若一開始無法接受黏貼的感覺，
  可先貼大人身上，再貼寶寶衣服上，最後再嘗試貼手臂上。
  ② 眼睛直接可看到的部位較簡單，看不到的地方就較難了（如：
  背部）。
  ③ 最難的方式是戴著眼罩進行，大人貼好後再請小孩找出，大
  人和小孩可輪流互貼。

GAME 3 手帕抽抽樂

- 器材：用完的濕紙巾袋或面紙盒、相同、不同觸感與花色的布或手帕。
- 活動方式：將布或手帕折疊放入濕紙巾袋，提供孩子抽取。
- 難度調整：
  ① 1.5～2 歲能打開盒蓋。
  ② 4 歲能沿著紙的邊緣對折。

GAME 4 寶寶卷壽司

- 器材：各種觸感的毯子，毛毯、毛巾布、滑布、棉布都可以。
- 活動方式：毯子平舖、孩子躺毯子的一端，捲起包裹身體。
- 難度調整：
  ① 較大的孩子，可讓他拉著毯子自己翻滾捲起。
  ② 捲的動作：身體出力，腿維持姿勢。
  ③ 圈數愈多圈愈難、刺激量愈多。

5 神祕箱

- 器材：箱子挖圓洞、神祕箱玩具、
  不同觸感、形狀、外型的物品。
- 活動方式：請孩子從神祕箱中，摸
  一摸找出指定的物品
- 難度調整：
  ❶ 辨識的項目愈接近愈難。
  ❷ 辨識大小、軟硬、材質、質地、溫度、形狀。

6 豆／米箱尋寶

- 器材：孩子手臂深度的箱子或桶子，
  豆子或米半箱、1～3公分左右的
  物品或玩具。
- 活動方式：將要找尋的物品埋入豆
  或米箱，請孩子找出物品。
- 難度調整：遮眼較難、找尋的物品
  愈相近愈難。

曼曼老師小提醒	● 寶寶剛吃飽或太餓的時候，不要進行。
	● 當寶寶累了、哭了，就停下來好好休息。
	● 記得大人先示範，讓寶寶跟著做一次喔！

粗大動作

放手走的前備技能與練習技巧
關鍵：足夠的肌力和平衡能力，提供安全感。

大約 12 個月左右寶寶能開始放手走，要能放手走，寶寶需要具備足夠的肌力與平衡能力，如果寶寶一直無法放手走，可先確認以下前備能力是否發展穩定，或者準備要練習放手走的寶寶，可多進行下列活動：

- 交替爬行：交替指的是單邊肢體行動前進，再換另一邊移動前進，這是發展兩側協調的過程（走路也是需要兩側協調），肚貼地爬或離地爬皆可，都有助於全身的肌力的提升。
- 能放手站約 10 秒：放手站本身就是平衡，可鍛鍊平衡能力。
- 能牽手走幾步：一開始先牽雙手，然後減少協助為牽一手。
- 前庭覺活動：有助於平衡和動作控制的發展。

放手走的練習技巧

技巧概念跟放手站練習類似，只是放手站是原地不需移動，而放手走，大人會開始移動，引導寶寶接近大人或移動取得物品。

技巧1 物品引導

用寶寶喜愛的玩具或物品吸引他前進。

技巧2 距離從短到長

在起點處，讓寶寶先放手站，然後大人距離寶寶約 1 步，拿著寶寶喜歡的東西，鼓勵寶寶過來拿東西。一開始，寶寶可能會嘗試

踏出 1 步，但因為還不太會平衡，所以有點要撲向大人的感覺，這時大人要接住、保護寶寶不要摔倒。然後隨著練習，寶寶平衡會慢慢變好，從往前撲變成往前走的感覺，可以在過程中，視狀況慢慢往後退來拉長走的距離，但過程中還是要隨時注意安全。

技巧 3 物品引導的高度

物品要在孩子直立起來視線的高度，這樣寶寶行走時眼睛才可以看著正前方，如果物品位置太高或太低，寶寶會因此仰頭或低頭，都比較容易不穩。

技巧 4 安全感的建立

在準備練習前，告訴寶寶：「我會保護你！」並在寶寶即將失去平衡時，適時協助他回覆平衡或扶著，尤其如果寶寶個性屬於比較謹慎或挫折忍受度低，初期練習時，務必讓他感受到安全和成功的經驗。

技巧 5 牽扶的程度

如放手站一樣，初期放手時，可以輕牽衣服肩線視情況協助平衡，會比牽手協助程度少很多，但又能保護寶寶的安全。

技巧 6 數數的運用

也可以跟寶寶說：「我們來數數看這次走幾步！」，讓練習的成果量化，肯定每次的嘗試與努力。可記住每次的步數，每當有增加 1 步都是進步喔！

精細動作

塗鴉和運筆練習

★ 關鍵：提供適合抓握粗細的畫筆，或用肢體塗色。

　　1 歲左右，孩子開始會對顏色和筆感興趣，而開始塗鴉畫畫。過程中，孩子逐步學會使用手指和手腕的力氣、控制運筆的動作，畫出想要的線條圖形，並展現出認知的廣度和深度。

　　1 ～ 2 歲的握筆姿勢主要為：「拳握、手腕不動、用手臂移動筆」，成熟的三指握筆要到 4 歲才會發展出來。原則上 1 ～ 3 歲的握筆姿勢順著孩子的動作發展提供適當的筆即可，一般不須特別調整握筆姿勢，除非孩子抓握的姿勢一直停留在拳握，包括：使用餐具、抓握物品時都要綜合觀察，才需要特別去調整抓握的姿勢。

1～1.5歲，拳握　　　　　　2～3歲，指頭

　　另外，1 歲後孩子閱讀和精細操作時間漸增，加上身高增長，遊戲墊上的活動，反而會使得孩子呈現低頭駝背的姿勢，上肢也缺乏支撐面，操作的穩定性較低。所以，我們可以開始幫孩子準備能夠維持良好姿勢、舒適、可調整、使用時間較久的桌椅。

　　適合的書桌椅高度能自然讓孩子維持在較佳的坐姿，不需要一直去提醒，也較易集中注意力。如果書桌椅不適合，孩子為了遷就

書桌椅，反而會出現不健康的代償姿勢，所以兒童書桌椅面高度要依據孩子身體尺寸來做選擇和調整。以下說明如何量測孩子身形和選擇桌椅：

適合兒童的椅子高度

- 椅面到地面高度≒腳跟到膕窩的長度（膕窩指的是膝蓋後方的位置）
- 要點：坐在椅子上腳要能踏地，髖關節、膝關節、踝關節皆呈 90 度。

適合兒童的椅子深度

- 座椅深度≒臀後到膕窩的長度減 1 指寬
- 要點：座椅面不要壓迫到小腿肚；如果座深太深，椅背離屁股有一段距離，可能造成駝背或腳懸空。

適合兒童的桌子高度量測

- 桌面高度≒手肘到地面高度 +(0～5cm)，在正確的坐姿下，手肘自然在身體旁邊。
- 要點：桌面高於手肘 0～5 公分，比較好進行操作和書寫。

4種畫筆的分析

原則上較粗的筆比較容易抓握，而要觀察孩子運筆時的力氣，使用蠟筆會比彩色筆容易觀察，因為蠟筆在不同出力程度下會有不同的筆跡和飽和度，但彩色筆的筆觸差異不太。除了筆也可使用滾輪、印章、刷子等等來進行繪圖活動，增加活動的變化和豐富度，提升孩子參與活動的動機。

圖表2-35，4種畫筆分析表

	筆桿粗細	筆跡濃淡	出力程度
蠟筆	較粗、較簡單握	輕則淡、重則深	阻力大、需用力
彩色筆	較粗、較簡單握	基本上差異不大	較不需出力
水彩筆	較細、較困難握	依顏料量而有不同	較不需出力
鉛筆	較細、較困難握	輕則淡 、重則深	需用力，握時較費力

其次爸媽只要替寶寶做好畫畫準備，就能降低弄髒風險。首先，讓孩子知道哪裡可以塗鴉，不是到處都可以畫，如：

● 浴室光滑磁磚牆：可在洗澡前於廁所磁磚牆作畫，活動結束也方便清潔。

● 鋪紙的牆面或地面：提供較大的塗鴉範圍，讓孩子嘗試不同的大動作塗鴉。

● 大紙箱：大紙箱是一個明確的物品與範圍，孩子較易理解；也可在紙箱上貼上紙再創作，這樣創作完就可保存作品。

● 桌面：就是一般在桌子上用紙繪畫，可鋪桌巾。

此外，顏料可選擇無毒、可水洗的成分，來減少不小心畫出來、清潔上的困擾，而降低活動的樂趣。

13~15個月

有明確且一致的常規，自然養成好習慣

孩子到了1歲，擁有了行走的能力，也有了部分的溝通能力，也更喜歡到處探索，這個時期也是開始建立規範的最佳時間，不過，千萬別心急，一次又一次慢慢地引導，大人們保持明確、一致的態度與規則，讓孩子有方向，就能照著規則走。

1歲後的孩子探索與好奇心更加旺盛，四處東摸西摸，尤其那些被限制的物品，更引發他們探索的欲望，這個階段的孩子尚未有危險概念，只知道：我想試試看。通常大人口頭制止沒有什麼效果，因為孩子尚未能理解「不要」、「不行」的意思（約1.5～2.5歲才能理解不要的句型），這個階段比較適合使用「直接帶開」、「轉移注意力」和「告訴孩子可以做的事情，並引導他去做」，尤其當你覺得親子互動中太多制止、缺乏正向對話時，就可多使用「不可以⋯⋯＋可以⋯⋯」的句型，例如：「不可以摸電扇，可以坐著看。」但如果小孩還是去摸，就要直接帶開了。

而建立行為和規範都需要時間，通常至少1個月，所以教了後孩子沒有立刻改變，千萬別灰心，持續引導正確的規範，如果半途而廢，小孩也可能覺得這件事的強制性不高，不遵守也沒關係，所以大人要先定義好遊戲規則，明確遵守、執行，小孩慢慢就會照著規則走。再來，提供「適齡的玩具或物品」讓孩子有適當的事情做，能減少小孩去做不適當的事。一樣記得提供新玩具時要示範，讓孩子像看說明書一樣，了解玩具要怎麼玩，避免孩子因為不知道怎麼玩而對玩具沒反應，所以家長一起玩玩具，是很有意義的喔！

13個月寶寶，開始展現記憶力

孩子開始能從簡單的背景找到東西，例如：玩具堆中找到自己想玩的玩具、閱讀時可能會指著圖片中有興趣的物品，大人在日常中也可以跟孩子玩找一找的遊戲，如：電燈在哪裡？椅子在哪裡？觀察孩子視覺辨識的反應。粗大動作方面，孩子站著時比較不會失去平衡了，還可彎腰、蹲下撿東西，蹲站也能訓練下肢肌力，所以可以跟孩子玩撿東西的遊戲。

之前如果有開始聽音樂，會開始觀察到孩子有特別喜歡的音樂，表示記憶和辨識音樂的能力已經產生，可持續播放音樂培養音感、調節情緒。語言理解方面，孩子除了聽得懂，還會開始做出正確的動作反應，例如：大人說：「給」，孩子會將東西給大人。

圖表2-36，13個月的參考發展里程碑

♥ 感官知覺	從簡單環境背景找出指定的人、物[13～18M]
✋ 粗大動作	彎腰、蹲下後能平穩地回復站姿[13～18M]
✍ 精細動作	能疊2塊積木[13～20M]
⦿ 認知能力	有喜愛的音樂或歌曲[13～18M]
🗨 語言能力	模仿新的動作或聲音[13～18M]
👍 生活自理	用吸管喝東西[13～18M]
☺ 社會適應	在大人要求下，把物件給予他人[13～18M]

感官知覺

「簡單」的背景的中辨別物品
關鍵：先從簡單的背景開始觀察孩子的視知覺能力。

　　一般當主體跟背景愈相似，則愈難找到主體，例如：竹節蟲在竹林中很難一眼就找到。孩子一開始只能在簡單的背景找到主體，例如：在房間中找到媽媽。如果遊戲區一次擺出太多東西，孩子就不容易找到他要的玩具，那是因為背景太複雜了、難度較高。所以如果出現：「我們家玩具很多呀，但小孩怎麼都不去碰？」可以看看是不是環境東西太多、太複雜，讓小孩找不到他要的玩具。可以試著將玩具分類，每次擺出幾樣，然後定期更換。此外，選擇繪本也要留意背景複雜度，愈小的孩子適合背景簡單，例如：全白或素色，反之太複雜的畫面，孩子找不到重點反而無法產生興趣。以下是簡單背景和複雜背景的範例，提供給大家參考：

簡單背景	複雜背景

圖表2-37，視知覺的發展里程碑

年齡	視知覺的發展參考
1～1.5歲	能從簡單背景環境中找出指定的人、物。
1.5～2歲	能從複雜背景環境中找出指定的人、物。
2～2.5歲	能從簡單圖畫中找出指定的圖案。
2.5～3歲	能從複雜圖畫中找出指定的圖案。

積木操作活動

精細動作

★關鍵：抓放、換手、堆疊或排列都是發展要點。

　　一開始寶寶會先從「抓放積木」、「換手拿積木」、「掉落」或「丟」來操作積木，接著會出現「往上堆疊」或「水平排列」。小孩也很喜歡將疊好的積木推倒，然後再一次的重組再推倒。在積木活動中，可以學習到「空間概念」、「堆疊技巧」、「哪一種形狀適合堆疊」。常見堆疊物品，包括：紙盒、鞋盒、木頭小積木（2.5公分正立方體）、書本、大海綿積木等等。以下是各年齡發展堆疊木頭小積木的數量：

圖表2-38，堆疊積木的參考發展里程碑

年齡	疊高積木發展
1～1.5歲	疊2～3塊積木
1.5～2歲	疊4～6塊積木
2～2.5歲	疊7～8塊積木
2.5～3歲	疊8～9塊積木
3～4歲	疊9～10塊積木

疊積木的引導技巧

　　還記得孩子會透過「模仿」來學習嗎？如果孩子不知道該怎麼堆疊，大人就先疊給他看吧！如果孩子喜歡推倒也沒關係，可以告訴孩子：「我們疊完３個，再來推倒吧！」堆疊的過程可以試著鼓勵孩子一起輪流疊一個看看，慢慢增加孩子堆疊的數量，如果用

小積木不好引導，太容易倒掉，不妨換成盒子或箱子來試試看，孩子或許會有不同的反應。

疊積木的過程，可以互相稱讚和拍手，例如：大人疊高積木後，說：「哇！媽媽疊高高！媽媽好厲害！拍拍手！」寶寶就會學大人在完成事情的幫對方或自己拍拍手！如果孩子沒有疊很高，但孩子願意參與、願意試試看，也可以稱讚孩子：「你今天有試試看疊積木喔！很棒喔！」在互動中，練習看到彼此的努力與用心，多一點讚美和鼓勵，氣氛會更好！

語言能力　讓寶寶模仿動作和聲音

★關鍵：大人示範或運用增強物誘發孩子模仿。

語言能力是許多父母擔心的發展之一，如果對照發展里程碑，寶寶的表現尚未超過發展區間，可嘗試下面 3 個方法來增加練習：

方法 1　保持示範給孩子看，累積學習經驗

孩子一開始會透過「視覺」和「聽覺」學習大人教他的東西，他會試著去記憶和回想，但不一定會立即做出動作，有時會被誤會成沒反應，其實孩子還在觀察學習，所以要持續重複示範。

方法 2　直接帶著孩子做動作模仿

如果模仿的是動作，孩子沒有跟著做的時候，我們可以帶著孩子做一次，讓他了解：「大人做完，他要跟著做一次」，幾次之後再試著不要帶他，觀察孩子會不會自己跟著做。

方法 **3** 運用「增強物」誘發孩子模仿

寶皇也是屬於較難開金口的孩子，我是用他喜歡的水果來引導他跟著我仿說，我請他跟著我說今天吃的「水果名稱」，然後再給他吃水果。

一開始不用要求發音要標準或一模一樣，只要孩子願意試著發音，有增加仿說的頻率即可，一樣當孩子有跟著說，就可以稱讚孩子，讓孩子覺得他的嘗試是被肯定的，他不用擔心說不好會被責備，我會告訴寶皇：「因為還在練習，說不標準沒關係！」。等仿說的模式建立起來，也就是孩子知道要重複大人說的詞，頻率到達每一次都會跟著仿說，再來慢慢要求發音的準確度。

14個月寶寶，開始放手自己走了

1 歲多的孩子已經可以走得很穩，放手走的警訊時程約 1 歲 4 個月，如果孩子到了這個時候還不能放手走，心中有擔憂或疑慮，可尋求小兒復健科評估確認未能放手走的原因，若有需要也會轉介至物理治療或職能治療，做進一步的評估和訓練活動建議。如果評估後是正常發展，也可以放下心中的憂慮，如果發展確實有慢，也可以即時獲得專業協助，愈早介入、成效通常愈好。

這個階段的孩子很喜歡不同的容器，喜歡裝滿再倒掉，他們從中觀察學習「容量」的概念，大的杯子裝得比較多，小的杯子裝得比較少，「舀水」、「倒水」也練習到「對準」、「肌力」和「手腕動作」，對未來書寫和工具、文具操作都有幫助。

語言發展方面，孩子的詞彙量慢慢增加中，如果孩子目前說得

少，先不用過度擔心，因為還在練習範圍，但要觀察「音」有沒有持續變多、「理解的詞彙」數量有沒有持續增加，如果孩子是完全都沒有發音或沒有任何手勢、表情等溝通互動，互動時視線會逃避、幾乎不看著人，就要多持續留意與人互動、溝通和視線的變化。如果一直都沒有進步，建議尋求小兒復健科協助，專業人員會依孩子目前提供適合的引導的策略。過了 1 歲後，也要開始戒奶瓶了，逐漸減少使用頻率，練習使用水杯或碗來喝東西。

圖表2-39，14個月的參考發展里程碑

♥ 感官知覺	以視覺、觸覺、行動尋找遠處聲源[13~18M]
粗大動作	能走得很穩[12~16M]
精細動作	將小物從瓶子倒出和放入[13~18M]
((◦)) 認知能力	喜歡玩躲貓貓[13~18M]
語言能力	除了爸媽還會使用3個單字[12~14M]
生活自理	雙手端杯子喝水[9~18M]
☺ 社會適應	吸引他人注意力，被稱讚會喜悅[13~18M]

語言能力

創造機會讓孩子使用詞彙
★關鍵：除了爸媽之外，還會使用3個單字。

　　孩子通常會先說出生活中常聽到的物品名稱詞、人稱詞，像是：媽媽、爸爸、奶、杯、水水、被被。所謂的「語言的使用」是指：有溝通意圖、目的性的使用詞彙來表達、獲得需求，例如：肚子餓的時候，孩子哭了，大人問：「怎麼了？」，小孩說：「ㄋㄟㄋㄟ」，這就是用詞彙來表達需求。

　　相反的，如果孩子肚子餓、哭了，小孩還沒說之前，大人就說：「你肚子餓了嗎？要喝奶奶嗎？」這時候小孩點頭就好，因為大人都說完了，所以小孩就不需要說，就減少了使用詞彙的機會。所以有時候大人太了解孩子，什麼都先一步準備好，反而減少語言練習的機會，所以大人要記得創造機會讓孩子說。並非指所有孩子都會這樣，但如果孩子表達較少，則需要留意是否有這類狀況，來做互動上的調整，以增加孩子使用語言的必要性。

圖表2-40，語言的參考發展里程碑

年齡	語言的發展表現
1～1.5歲	「物品」名稱詞
1.5～2歲	「身體部位」名稱
1.5～3歲	「動作」詞
1.5～2歲	「主詞＋動詞」、「動詞＋受詞」句子
2～3歲	「物品名稱詞／人稱詞＋地點名稱」句子 「你我他」代名詞

生活自理

要幫寶寶戒奶瓶了

★關鍵：找到適合的水杯，漸進式戒除。

1 歲以後的寶寶，要開始戒掉奶瓶了。爸爸媽媽只要掌握 3 個技巧：適合的水杯、先和孩子預告以及說明、採取漸進的方式，多半可以順利戒掉奶瓶。

技巧 1 依孩子口功能準備適合的水杯

可參考 P.89 ～ P.91 的水杯選擇，這個階段可選用「吸管杯」和「開口杯」來練習。一開始練習開口杯，水先裝少量比較容易完成、獲得成就感，而且可避免灑出來太多。如果孩子一開始不接受新水杯，先不要就此放棄，保持每天持續熟悉水杯，時間短沒關係，可以從「一口」開始練習，並搭配適當的運動，有流汗、會口渴，自然產生喝的需求。

技巧 2 向孩子預告準備要做的練習

試想孩子使用了 1 年的奶瓶，他會認定喝奶就要用奶瓶，換容器會打破他的秩序感，所以我們要向孩子預告、說明，可以跟孩子說：「寶寶 1 歲了，變厲害了，所以要練習用水杯來喝東西囉！」

技巧 3 慢慢減少奶瓶使用的頻率

可以先從白天喝奶時間開始嘗試換成杯子喝奶，不用馬上每一次喝奶都換成水杯，這樣可能會太過辛苦而容易放棄。如果有規律地練習吃副食品，白天喝奶的次數也會自然下降，這也同時減少奶

瓶使用的頻率。

　　寶皇一開始練習是先從早餐喝奶開始戒奶瓶，先吃完固體食物後再喝奶。一開始先用吸管杯裝溫鮮奶喝，好處是比較不會打翻，減少失誤，讓孩子比較容易成功，獲得成就感，然後再用開口杯練習，開口杯只會裝大概 3 ～ 5 分滿，如果小孩動作還不熟練容易傾倒，大人可以扶在杯底，協助維持杯子的角度。

😊 社會適應　建立適當獲得大人注意力的方式
關鍵：適時回應孩子，運用預告溝通以及約定時間。

　　如果家裡只有一個孩子，那孩子獲得社會互動和注意力的對象就是大人了，所以小孩黏著你、拉著你跟他一起玩是很正常的，雖然這階段是平行遊戲，也就是他大多是自己玩自己的，拉著你不一定是要你一起玩。

　　如果大人因忙碌而對這些互動需求沒有回應，孩子會覺得這樣表達沒效果，所以他可能會試著換成大人會有反應的方式，例如：尖叫、哭泣、丟東西、搗蛋等等，他覺得要到這種表達強度，大人才會有反應，且不論大人的回應是安撫、制止、責備，對孩子而言可能都是成功獲得大人的注意力，但這種強烈的表達方式，會讓溝通互動變得緊繃、高亢，所以當孩子用適當的方式表達需求，就要回應孩子，回應孩子不表示要立刻滿足，而是讓孩子知道爸爸媽媽有聽到、有重視你的表達。如果當下在忙，可告知孩子要等多久，幫他安排當下可以先做的事，並稱讚他願意等爸媽先忙完手邊事情的行為。

15個月寶寶，開始會模仿簡單的家事

感官辨別能力愈來愈好，稍熱的食物不會直接放入嘴巴，吃到冰涼水果可能會皺眉，對不同溫度有不同的反應，也開始察覺形狀的差異並辨識和配對，會先從最簡單的圓形開始配對（拿到圓形積木會放圓形洞洞），不再每個洞都塞塞看。能執行一個步驟的簡單指令，如：東西給媽媽、拿杯子，而且不需要手勢的提示（請孩子拿杯子時，大人不需要手指著杯子，寶寶就能理解，若要手指著杯子才能做反應，表示孩子不理解杯子的意思，是看手勢來行動）。

孩子的模仿能力也從單一語言和動作，到模仿大人做家事，例如：學大人拿抹布擦拭地面，在安全適當的情境下，可以讓孩子嘗試看看簡單的家事，或者準備家家酒玩具，滿足孩子的模仿需求。

圖表2-41，15個月的參考發展里程碑

♥ 感官知覺	能辨別冷熱[13～24M]
🫳 粗大動作	能撿球並丟球[13～18M]
☝ 精細動作	配對圓形的鑲嵌玩具[13～18M]
(◎) 認知能力	不須手勢，能完成1步驟的指令[13～18M]
💬 語言能力	正確指出一個身體部位[14～24M]
👍 生活自理	模仿大人做家事[13～16M]
☺ 社會適應	對熟悉的人表示好感，如：擁抱[13～18M]

丟與撿的新發現

粗大動作

關鍵：提供適合丟的物品，並建立正確功能概念。

在8～9個月左右寶寶會發展出自主性丟的動作，寶寶發現東西丟出去會往下掉（觀察到地心引力），而不同東西丟到地面的聲音會不同（觀察到物品的差異），所以寶寶就開始丟不同東西、觀察後續反應。當寶寶發現自己會一個新技能，他會不斷地重複這個動作，為的是讓這個技能熟練，而不同物品丟出去有不同的聲音回饋，也會讓寶寶覺得非常有趣。

但因為有些物品丟了會破損或危險，所以我們要開始教孩子哪些物品可以丟、哪些物品不能丟，來建立正確的物品功能概念，並提供適合的物品讓寶寶練習丟，像是：不同大小、材質、觸感的球類、絨毛玩具、紙團、小抱枕等等。更好的方式是爸爸媽媽和寶寶一起玩丟接球的遊戲，讓這個丟的活動變得更有意義和互動性。如果寶寶是丟危險物品或者對人會造成傷害，就要立即停止並告訴寶寶這樣是危險的，然後引導寶寶用前述合適的方式來丟，並將危險物品收拾起來。

曼曼老師小教室

寶寶丟東西的引導策略整理

✓ 提供適當的物品，滿足觀察。

✓ 讓丟轉變為有意義的互動玩法。

✓ 教導可丟和不可丟的物品。

✓ 教導正確的物品操作方式。

✓ 將環境中易碎物品收拾整理。

精細動作

形狀配對練習

★關鍵：提供形狀鑲嵌類玩具，觸摸輪廓加深概念。

　　首先，我們要了解寶寶什麼時候會開始配對、不會用塞的。一開始會先從圓形開始進行配對，因為圓形沒有角度，不需要調整角度就能放進去圓形的洞，方形和三角形需要角度調整的技巧。

　　如果孩子是用每個都塞塞看，通常是因為孩子還沒注意到形狀之間的不同，所以才會用這個方式，引導的訣竅是：

❶ 首先帶孩子熟悉「形狀」＋「輪廓」，帶著他的手摸該形狀的邊緣一圈，告訴孩子這個形狀的特色與名稱，例如：正方形有四個角、圓形沒有角。

❷ 接著帶著孩子的手摸對應的形狀洞口，告訴他是一樣的形狀。

❸ 然後大人示範放入對應的形狀積木，讓孩子觀看學習。

❹ 可帶著孩子手去操作幾次，或直接讓孩子自己模仿操作。

❺ 最後，讓孩子自己操作看看，觀察能不能正確配對放入。

　　下表列出形狀配對的發展，大家可以依序進行練習。

圖表2-42，形狀概念的參考發展里程碑

年齡	形狀配對的發展
1～1.5歲	能配對 ○□
1.5～2歲	能穩定配對 ○□△
2～2.5歲	能挑選指定的形狀
2.5～3歲	能配對、指認3個以上的形狀
3～3.5歲	能命名3種基本形狀

語言能力

身體部位概念的發展

★關鍵：先學習部位名稱與位置，再理解部位功能。

孩子會先從學習「身體部位的名稱」和「身體部位的位置」，然後進一步了解各部位「功能」和「身體各部位的可做的動作」。

如果孩子未有身體部位概念，可能會影響到後續動作表現，這也可能牽涉到本體覺不良導致無法感知身體各部位，常見的狀況像是：律動跳舞或做早操時，出現跟不上、動作錯誤或排斥這類活動（因為來不及反應或害怕錯誤）、未能正確模仿動作手勢、未能跟著做手指謠、操作工具時的動作不正確等等。所以看似簡單的身體概念，但其實跟其他發展是息息相關的。

圖表2-43，身體概念的參考發展里程碑

年齡	身體概念的發展
1.5～2歲	會指出或説出3個以上基本身體部位，如：手、腳、頭、肚子、五官等等。
2～2.5歲	會指出或説出膝蓋、肩膀、屁股、手指、大腿等3個以上的身體部位。
3～4歲	會指出或説出3個身體部位的功能，如：嘴巴-吃、眼睛-看、腳-走路等等。
5～6歲	會區辨左右邊的手腳。

16～18個月

日常中多元的經驗，促進感覺統合發展

這個階段的寶寶，感覺辨識是一大重點，因此建議在生活中提供各種感覺的活動，例如：吃水果前，摸一摸、聞一聞即將要吃的水果，並且一邊描述水果的形狀、外觀顏色與聞起來的氣味，都是日常隨手就可以進行的感覺活動，但需要我們帶領孩子學習去留意細節與差別。

感覺的發展也會深深影響其他領域的發展，例如：透過觸覺判斷物品軟硬，然後使用適當的力道去操作。或許曾經觀察到孩子較小時，操作時會很用力或有點粗魯，因為操作不只是動作，更牽涉感覺統合能力。所以，我們必須重視並提供的不同感覺經驗的活動給孩子，透過每次的操作，孩子會依據結果和大人回饋，去調整操作方式與力道，且會不斷重複再調整，直到動作順暢且有效率。

但也不需刻意訓練，透過日常會接觸的物品來觀察與引導，如：吃水果時讓孩子摸摸看、聞聞看，大人可以描述給孩子聽：蘋果、紅色、硬硬的，同時也可練習詞彙與詞性（名詞、形容詞、顏色）。

16個月寶寶，抽象概念開始形成

物品概念方面，抽象的概念慢慢萌發，例如：孩子開始看得懂模型，看到蘋果模型，知道那是蘋果、代表著蘋果。難度上，愈具體愈簡單，愈抽象愈難，而學習順序大致如下：

圖表2-44，物品概念學習難度順序

實物 ▶ 模型 ▶ 影片 ▶ 照片 ▶ 圖片 ▶ 文字

其中，影片雖然比照片具體，但因為保護視力的考量，較適合
2 歲以上。認識新物品一開始以實物為佳，因為實物可以感受輪廓、
觸感，若是食物有味道，產生多感官的學習記憶。等孩子有具體概
念後，再慢慢往抽象的圖卡練習。原則上 1.5 歲前比較看得懂實際
照片的圖片，約 1.5 歲後會看得懂圖畫。但因為之前的學習經驗，
孩子看到圖卡不是單純視覺記憶，他會連結相關的感覺經驗，例如：
看到蘋果圖卡，不只是單純紅色的水果，大腦會連結酸酸甜甜的味
道，咬起來脆脆的口感。所謂的舉一反三，其實就是大腦提取、連
結相關記憶的能力。所以在孩子認識物品時，除了教名稱詞，記得
還可以多感官的去認識物品。

圖表2-45，16個月的參考發展里程碑

♥ 感官知覺	能認出縮小的實物玩具[13～18M]
🖐 粗大動作	能倒退走[13～18M]
✌ 精細動作	疊3塊積木；隨意塗鴉[13～18M]
((•)) 認知能力	正確操作3種簡單玩具[13～18M]
🔲 語言能力	能理解物品名稱[13～18M]
👍 生活自理	咀嚼吞嚥乾飯、麵包或饅頭[13～18M]
☺ 社會適應	在熟悉環境，自己玩10~15分鐘[13～18M]

精細動作

不同積木，玩出不同能力

★關鍵：不同類型的積木，能促進空間、尺寸、動作與想像力。

積木遊戲對發展的主要促進包括：動作、認知概念、空間概念、尺寸概念、想像力、合作遊戲等。積木不只有是塑膠或是木頭材質，也不一定是玩具，日常中適合堆疊的物品都可以用來練習，以下介紹不同的積木素材，有機會不妨可以讓孩子試試看。

泡棉大積木

- 尺寸：約 30 公分以上，屬於大型。
- 玩法：搬運堆疊、建構模型。
- 特色：

1. 相較於小積木對準要求較小，可用來練習初期堆疊，但也適合大孩子建構大型造型。
2. 不是硬的但不易形變，碰撞不太會危險，也可以行走，粗進粗大動作發展。

在親子館或遊戲館常有機會看到的泡棉大積木，如果有去這些地方可和孩子玩玩看。除非家裡空間很大，不建議自購，若在家裡想試試看，可以用紙盒或鞋盒來進行堆疊。

紙盒、鞋盒

- 尺寸：偏大，各種尺寸。
- 適用：雙手抓握搬運，同時可促進粗大動作。
- 玩法：

  ❶ 搬運堆疊、建構模型。

  ❷ 若有大小尺寸，可練習排列尺寸。

  ❸ 可融入到日常收拾中，例如：請孩子堆疊擺放盒裝的玩具。

- 特色：

  ❶ 紙箱中空重量較輕，堆疊時需要較多平衡。

  ❷ 因為輕，所以疊高倒了也算安全。如果邊角較硬，仍要注意安全。

  ❸ 家裡現成的紙盒、鞋盒即可操作。

木頭方塊積木

- 尺寸：小（約 2.5 立方公分），不須扣合。
- 適用：

  ❶ 初期練習較精準的堆疊，由於尺寸一樣，不會有頭重腳輕問題。

  ❷ 未來練習簡單模型、顏色分類、多少、計算等概念也可使用。

- 玩法：垂直水平方向堆疊、模型。
- 特色：

  ❶ 體積小、玩法多，很適合在家玩。

  ❷ 玩好要請孩子養成收拾的習慣，避免踩到或跌倒撞到受傷。

顆粒積木

- 尺寸：從大至小，可依能力挑選。
- 適用：扣合拔開可促進雙手協調與手指力氣。
- 玩法：組合、模型。
- 特色：
  1. 建構好的物品較不易推倒，可保存成品。
  2. 組合變化高，也適合在家玩。
  3. 請孩子養成收拾的習慣，避免踩到或跌倒時受傷。

認知能力

能正確操作物品

★關鍵：循序建立能力：辨別 ▶ 功能 ▶ 模仿 ▶ 關聯。

　　首先，我們統整一下孩子對物品概念的發展，因為認知概念的發展是循序漸進的，當我們帶孩子學習新的物品要如何使用，可以掌握這個步驟，才不會教得很挫折，也就是當孩子無法正確操作一個物品，不一定是孩子動作能力不足夠，也可能是對物品的功能還不是很了解，以下用孩子常接觸的物品來舉例說明：

圖表2-46，物品概念的參考發展順序

能辨別物品	知道物品用途	模仿使用物品	知道物品間關係
● 當大人問：「哪一個是杯子?」孩子注視或指出杯子。	● 拿到筆會畫。 ● 拿到書會翻。 ● 拿杯子會喝。	● 模仿大人用梳子梳頭。 ● 模仿大人拿掃把掃動。	● 將兩物一起操作，如：拿湯匙在杯子攪動，像在泡東西。

　　因此，認識新物品的可先從熟悉外觀和名稱，先對物品產生記憶，接著由大人示範如何使用，讓孩子認識功能，並模仿大人的動作（學習功能操作），再進一步認識同類功能的物品，如：餐具類。

17個月寶寶，培養收拾習慣的好時機

　　隨著孩子移動和認知能力增加，對家裡物品位置的記憶力也越來越好，可以檢視看看目前活動空間和物品是否有明確的分配，例如：玩具和書本有沒有固定的位置？孩子知道東西放在哪裡？要去哪裡拿？使用完也能明確地引導孩子收拾歸位。

玩好一個玩具 ▶ 先放回位置 ▶ 再拿下一個玩具

圖表2-47，17個月的參考發展里程碑

♥ 感官知覺	熟悉歌曲被改變少許會不悅或笑[13~18M]
🦵 粗大動作	能走得很快[13~18M]
✋ 精細動作	配對正方形的鑲嵌玩具[13~18M]
🔊 認知能力	到熟悉地點拿日用品[13~18M]
🗨 語言能力	3項指示中有2項能做對[15~22M]
👍 生活自理	用湯匙將食物送入口中[13~18M]
🙂 社會適應	把自己的物品向人展示[13~18M]

到熟悉的地點拿取日常用品

★關鍵：觀察孩子的記憶力、語言理解和動作能力。

這個項目不只是小幫手那麼單純而已，從中可以觀察孩子的記憶力（記得物品放的位置）、語言理解（知道物品的名稱）、動作能力（運用動作將物品攜帶過來）等，也可以增加孩子獨立性（知道自己喜歡的玩具放在哪裡，而過去拿），由於孩子移動和動作能力增加，在環境安全和物品擺設上可多加留意，以下是寶皇遊戲區的配置和安全防護說明，提供大家規劃時參考：

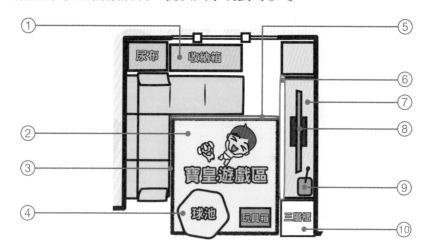

① 不透明收納箱放置輪替的玩具，每1~2週更替玩具，保持玩具新鮮感。

② 遊戲區約1.8m²，鋪2公分厚地墊，平時主要在這邊遊戲，當週的玩具放在這裡的玩具箱。

③ 沙發下方縫隙用紙箱做擋板，避免玩具和球滾入。

④ 遊戲區配有球池，爬行活練習側走時，會收球池。

⑤ 活動式長紙箱擋板，僅防止球滾出的功能。

⑥ 防撞邊條+轉角防護，避免碰撞受傷。

⑦ 櫃上不擺易碎物品，由於手臂持續變長中，所以大部分都是淨空狀態。

⑧ 家具及家飾需平穩牢固，不易滑動或翻倒。

⑨ 收音機、故事機，可聽廣播或音樂，增加不同的語言聲音經驗。

⑩ 三層玩具櫃，分類放需大人陪伴進行的玩具或書，由大人拿取，如：積木、拼接式玩具。

安排孩子的音樂活動

感官知覺

關鍵：接觸多元的音樂，培養音感、調節情緒狀態。

音樂也是聽覺刺激的一種，音樂的變化很多，包括：不同節奏、音色、旋律等，帶來不同的聽覺經驗與感受，孩子會去學習區辨聲音的不同、找到自己的喜好，甚至用音樂來調節情緒狀態。在不同發展階段，音樂活動可以有不同的意義，一開始最簡單就是日常中保持提供音樂相關的活動，不論是大人唱歌、哼旋律、故事機、CD 播放機、聽電台廣播、樂器類玩具都是可以運用的方式。

0～6個月

從出生開始，就可開始從輕音樂開始讓孩子接觸，也可能會發現孩子聽到某個旋律會特別容易冷靜下來。清醒活動時，可以放一些爸媽或寶寶喜愛的音樂，調節育兒生活中的緊繃氣氛。例如：餵食副食品時，可以放背景音樂讓氣氛比較輕鬆愉快。

6～12個月

音樂的型態可以更多元，每個孩子喜好不同，不一定都喜歡輕音樂。簡單重複歌詞的兒歌也可以開始接觸，兒歌的歌詞通常會一直重複主要名詞或擬聲詞，容易產生記憶。隨著手部操作動作變多，大按鍵的音樂鼓 / 鋼琴、敲打琴，也可以提供給孩子。

12～18個月

孩子會明確有喜愛的音樂或歌曲，聽到時會有手舞足蹈或搖動

身體的反應。如果將熟悉的音樂稍微改變音樂或歌詞，小孩可能會察覺而有不高興或發笑的反應。

聽到別人唱兒歌，孩子會跟著唱最後 2 ～ 3 個字，開始能記得一些兒歌片段，展現出聽覺的記憶力。

語言能力

3項指令中有2項能做對
★關鍵：避免過多動作提示，才能觀察語言理解力。

這個項目在觀察孩子對「口語指令」的「理解」和「執行」，也就是孩子「聽得懂」大人說的內容、並做出「正確的動作」，所以大人在下指令時要避免過多的「動作提示」，例如：請孩子拿水杯，當大人說：「拿水杯」的同時，如果手指著水杯，孩子可能是因為動作提示才拿水杯，就無法確認孩子是不是聽得懂。另外，如果每次用講的，孩子都沒有動作，一定要用手指才會知道要做什麼，也可能是不理解口語的徵兆。不過，這不表示在練習過程中不能用動作提示，如果孩子指令理解還在建立，練習時還是可以口語加動作提示，但要記得依學習進度減少動作提示。以下是常見「動詞＋名詞」的指令，可依孩子理解的詞彙，練習不同指令，如左表。

圖表2-48，動詞+名詞指令練習

動詞	名詞	動詞	名詞
脫	襪子、鞋子	給	媽媽、爸爸
拍	鼓、手	丟	球、垃圾
拿	玩具、書本	放	桌子、箱子

能用湯匙將食物送入口中，少許灑出

生活自理　★關鍵：建立使用餐具的習慣與技巧。

　　飯菜的部分，還不包括湯，不會灑出湯大約是 2 ～ 2.5 歲才能做到。這個項目觀察孩子使用湯匙的動作能力，例如：能平順送入口中、食物不會灑出太多，如果孩子是因為玩食物或不專心而灑出，要調整的不只是使用湯匙的能力，而是「玩食物的行為」和提升參與「吃飯的專注度」，許多因素會影響孩子吃飯的狀況，要耐心觀察找出真正原因，才能改善用餐的狀況，以下舉例常見狀況：

用手抓仍多於湯匙

- 通常是因為孩子目前仍覺得用手吃比湯匙有效率，可觀察孩子是否因為吃得比較急或湯匙舀幾次沒成功就換成手抓，這時增加湯匙使用的技巧或成功率，就會減少手抓的頻率，若真的太急著吃，可協助餵到不那麼餓，再開始練習湯匙。

- 加強舀食物的技巧。將食物沿著碗壁舀起，可以一邊示範一邊說明。如果連大人都很難舀起的食物，可適時協助。

不想吃、吃很少

- 孩子的食慾：胃要排空產生飢餓感，大約需要 3 ～ 4 小時，所以要留意點心時間，如果當天活動量少、耗能少，也會影響食慾。每個人的食量卻不同，以自己孩子平常食量來判斷就可以。

- 觀察孩子吃得下的飯菜量：先裝可以吃掉的量，有需要再添加。

- 變化食材或烹調方式：人都喜歡新鮮感，吃久了會膩，有時候從

蒸換成煎的,吃的反應也許就會不同。

- 觀察對食物的喜好:喜歡的可以多一些,不喜歡的少一些(但不要完全不給,保持 1～2 口的嘗試)。

- 觀察生長曲線和健康狀況:若生長曲線沒有往下掉,百分比還在正常範圍,也沒有健康問題,可先不用過度擔心,持續保持觀察。但如果對生長曲線或孩子食欲狀況有疑慮,建議可尋求營養科協助,確認是否有其他生理因素所影響,以及如何安排體積小但營養單位高的食物餐點,讓孩子雖然吃的量少,但營養是足夠的。

吃飯不專心

- 要先確認是否因為不餓而影響吃飯專注度。

- 減少讓吃飯不專心的環境因素:較小的孩子容易被有趣的事情吸引,如果吃飯的當下,同空間若有其它更有趣的事情,例如:玩具、電視、手機、其他非正餐的食物擺在桌上,孩子的注意力可能會被吸引走。所以如果孩子注意力是比較容易被吸引走的,先試著減少這些分心物看看。

社會適應 ☺

眼神注視的重要性

關鍵:綜合觀察社會互動、語言發展和固執行為。

「眼神注視」是觀察社會互動發展的其中一項,此外,還可觀察每個月所列出的「社會適應」項目,如果真的有疑慮,想要進一步請專業人員評估,蒐集越多的觀察資料,這樣更能找到引導孩子的方向。然後,可以觀察不太看人的表現是對每個人都如此?一直

以來都是這樣？還是有特定的人？或者，最近親子關係比較緊張？例如：管教比較嚴厲、被嚴厲的處罰等。以下是 12 ～ 24 個月參考觀察方向，如有疑慮務必請專業人員確認。

觀察重點1. 社會互動

不喜歡與人接觸 / 眼神接觸，喜歡自己一個人玩。

□ 很少微笑。

□ 退縮。

□ 喜歡自己獨處、自己玩。

□ 視線接觸較少或時間短促。

□ 通常可分辨父母和陌生人，但缺乏情感表達。

□ 對他人受傷或難過少有同理的表現。

觀察重點2. 溝通

口語發展遲緩，且難以理解他人口語或非口語的表達。

□ 對他人叫喚少有反應。

□ 很少用手指指東西。

□ 沒有語言，或少數語言，但不一定有意義。

□ 很少用手勢或動作與人溝通，也無法理解。

□ 出聲音但不是用來溝通。

觀察重點3. 固執

堅持重複單一的行為喜好，打斷他會情緒激動，或難以轉移。

□ 有固執而難以改變的行為，如：堅持出門走同一條路、用同樣方式擺放東西。

□ 玩法相同、固定、少有變化，模仿表現少。

□ 只吃某些特定的食物（嚴重偏食）。

□ 喜歡轉動的東西（如：輪子、風扇）。

0
~
3
個
月

4
~
6
個
月

7
~
9
個
月

10
~
12
個
月

13
~
15
個
月

16
~
18
個
月

19
~
21
個
月

22
~
24
個
月

18個月寶寶，帶著孩子一起爬樓梯

1.5 歲是放手走的警訊時程，若還沒放手走，就要請專業人員評估，如：小兒復健科。然後，這階段可以自己扶著欄杆上樓梯，若家裡有樓梯、練習機會多，可能會發展更快，如果家裡沒有樓梯，外出遇到適合的扶手樓梯時，記得讓孩子練習，因為「上下樓梯」是常見的發展篩檢項目。練習時，大人仍需在旁保護、注意安全，若樓梯扶手的空隙較大，須加裝安全裝置，如：防護網、護板。

另外，孩子模仿「手勢動作」和「單字」的能力也會逐漸出現，不過這需要經驗的累積，在真正開始模仿前，孩子其實已經每天都在觀察大人的手勢動作、說話用詞，所以，從嬰兒時期開始的互動都是在累積經驗，為發展打基礎。

圖表2-49，18個月的參考發展里程碑

♥ 感官知覺	對圖畫開始感興趣[13~18M]
✋ 粗大動作	牽著或扶欄杆能上樓梯[18~22M]
☝ 精細動作	打開瓶蓋；按壓黏土[13~18M]
((●)) 認知能力	模仿新的手勢動作至少3種[13~18M]
💬 語言能力	跟著或主動說一個單字[13~18M]
👍 生活自理	幫他穿衣服會自動伸出手腳[13~18M]
😊 社會適應	提示下會做簡單的社交動作[13~18M]

對圖畫開始感興趣

感官知覺

關鍵：生活中有圖片的物品都可練習。

　　孩子在 1.5 歲前比較看得懂實際照片的圖片，約 1.5 歲後會看得懂圖畫，所以我們在看圖畫書的時候，可以多描述圖片中物品，將名稱詞和圖畫做配對，如：指著杯子說杯子，當孩子記憶起來，之後你就可以詢問他圖畫中的杯子在哪裡？不過一開始都是大人先輕鬆唸給孩子聽，還不用馬上加入問句或討論，等同一本書唸過多次後，確認孩子熟悉後，再提問來觀察孩子理解狀況即可，也可以依據孩子的反應，去重複不熟悉的部分或增加說故事的細節。以下是日常中有圖片的物品：

看板

圖卡

日常用品

故事書

廣告紙

衣服印花

帶孩子爬樓梯

關鍵：安全第一，適當保護與防護。

　　上下樓梯是常見的粗大動作發展評估項目，如果去衛生所打預防針遇到發展篩檢，可能會詢問這個項目，家長平時可留意觀察孩子表現。小孩爬樓梯一開始會先從兩腳一階開始，例如：右腳上第一階，左腳跟著上第一階，兩隻腳會出現在同一階。一開始兩腳一階是很正常的，因為小孩的小腿長度可能剛好大於階梯，能夠抬腿跨的幅度有限，加上跨愈多階，單腳懸空的時間變長，踩地的腳要支撐全身重量的時間愈長，單腳平衡的時間就也愈長，所以一腳一階難度比較高。

　　另外，有些階梯設計比較高，如果階梯高度大於小孩的小腿長，那是非常難跨上去，可以想像成大人要跨上膝蓋高度的平台的感覺。上樓梯的分解動作是：抬腿→踏階→上面那隻腳要單腳支撐全身的重量→讓身體和下面的腳往上移動→重複數次。所以非常考驗腿部的肌力和耐力，甚至一開始扶欄杆的手也要用力抓穩、協助撐起身體，所以全身的力氣都會用到。如果樓梯是特別長的，大人爬都有點吃力的話，那對小孩可能更困難。可以每次記錄爬的階數，再逐次增加。

　　視覺也會影響爬樓梯的表現，如果孩子看不清楚或無法判斷樓梯高度或深度，那爬樓梯時可能會顯得害怕、速度會放特別慢，可以想像成近視 600 度，沒戴眼鏡去爬樓梯，會緊握扶手、放慢腳步，甚至要用腳慢慢確認有碰到樓梯才敢踏步，尤其下樓梯，那感覺會更艱難。

圖表2-50，爬樓梯的前備技能

下肢
小腿長度 > 階梯
交替動作
肌力足夠
抬腿動作

上肢
抓握扶手
手臂力量

視知覺
看得清楚
深度覺

0~3個月

4~6個月

7~9個月

10~12個月

13~15個月

16~18個月

19~21個月

22~24個月

練習爬樓梯的注意事項

練習走樓梯要特別注意安全，因為樓梯是有高度的，最擔心小孩失去平衡、結果大人也跟著失去平衡，所以在帶領上有些技巧，可讓大人較能保護孩子、維持平衡的姿勢。

1 環境安全

樓梯扶手的空隙若較大，建議加裝防護裝置，若梯面材質容易滑倒，需在梯面加裝止滑條。

2 不論練習上下樓，大人都在下方保護

因為在樓梯跌倒、通常都是往下滾（如果是往前跌還可以用手撐）。所以上樓梯時，大人跟孩子同方向、在孩子後方保護，大人可成弓箭步（後腳踏在孩子下方階梯、前腳踏在與孩子同階），這樣底面積比較大，比較容易維持平衡，如果是雙腳在同一階，底面積小、較容易不穩。練習下樓梯時，大人和孩子面對面、大人在樓梯下方，一樣手握扶手，腳成弓箭步。

3 一手協助孩子扶扶手，同時自己也扶好

帶孩子練習走樓梯的時候，千萬不要 2 隻手都扶在孩子身上，大人自己沒有扶扶手，因為跌倒時，很可能會 2 個人一起跌倒。一開始練習，建議一手就按著孩子一隻手一起扶扶手（孩子一般是 2 隻手扶），通常大人扶一手就可以非常穩，然後空出來的那隻手，就可以協助孩子身體維持平衡、重心移動、抬腿的動作。如果隨著練習，孩子走得穩了，大人可以不用扶著孩子的手，但陪走的時候，大人還是要扶扶手，隨時緊急應變。

4 如果孩子尚未能雙手扶，需一手牽

上樓梯比較順的牽法是，大人一樣一手按著孩子扶扶手的那隻手，然後用另一隻手用「宮廷劇」的牽法牽孩子的手（大人手心朝上，讓小孩搭著手）。

5 如果小孩會自己走，還是需要保護

大人需在救得到孩子的範圍或輕牽肩線，但是不要擋住孩子下樓視線，同時大人自己也要扶穩。

精細動作

黏土操作玩出創意與肌力
★關鍵：揉捏按壓搓與工具使用，訓練手部小肌肉。

「黏土」是幼兒活動很常使用的教具之一，因為黏土的適用年齡層廣、促進能力多元，只要孩子手部有基本擠捏、拍打的動作，就可在大人陪伴下，從最簡單的活動開始：「感受黏土的豐富色彩

與觸覺刺激！」然後隨著操作與認知能力的提升，再加深黏土活動的難度，例如：使用各式工具、模仿造型、自己造型與命名等，而當孩子開始會分享作品概念時，更是讓人充滿驚喜與趣味。

接下來，要說明黏土操作的五個重點：1.黏土操作的參考年齡 2.黏土操作的器具 & 發展促進 3.黏土操作的動作 4.黏土操作的建議 5.黏土操作的觀察重點。

圖表2-51，黏土操作的參考發展里程碑

年齡	1.5～2歲	2.5歲	2～3歲	3～4歲
發展表現	用手指捏泥	會給自己捏的黏土命名	用刀切開黏土	將黏土搓成條狀

各種黏土操作的器具與發展促進方向

各色黏土

讓孩子選自己喜歡的顏色，提升操作的動機。
一開始先學習顏色的指認和命名（語言認知），
然後，再加入固定色、深淺色、混色的概念。

軟硬度

愈硬的黏土需出愈多力氣操作，愈軟則需控制
力道才能準確塑形，因此可透過提供不同軟硬
度的黏土，來訓練孩子手部肌力和力道控制。

黏土工具

● 形狀印模：

約 1.5 ～ 2 歲會發展出配對簡單形狀的能

力，並開始會發現每個形狀輪廓的差異，才

能做出精準的配對，若寶寶每次配對都是以

每個都塞塞看、塞中為止，表示孩子可能尚

未留意到形狀邊緣的細節，這時可以帶著孩子去觸摸形狀的邊

緣。黏土印模也可做為強化輪廓細節的活動，同時又非常新鮮趣

味，引發寶寶認識形狀的動機。

● 圖案印模：

寶寶在 1.5 歲開始能開始認得一些抽象圖

案，所以也稍微能辨認簡單的印模圖案。

● 符號印模：

3 歲開始會認得一些符號。我們可以透過黏

土讓學習數字和符號的活動變得有趣喔！

● 擀麵棍：

用來擀平黏土團進一步做使用，可促進手部

動作多元化與手掌肌力。

● 切割工具：

如塑膠刀、塑膠剪刀，用以切割黏土成需要的

大小，一手扶黏土一手切割可促進雙手協調。

● 擠花器：

擠花器的操作動作似針筒的擠壓動作，可以
促進虎口的穩定度，對未來書寫也有幫助。

黏土操作的動作

孩子透過擠捏認識黏土的觸感、觀察黏土的形變，單純擠捏的
動作就能練習到手部的力氣和提供觸覺經驗。可以讓孩子擠捏不同
軟硬度 / 阻力的黏土，感受不同的阻力，進一步去學習控制力道的
能力。

| 用手擠捏黏土 | 用手掌壓平黏土 | 拔、拉開黏土 | 黏土搓揉成長條 |

| 用雙手掌把黏土搓揉成球形 | 用手掌和桌面將黏土搓成球 | 用大拇指和食指捏扁黏土 | 用手指腹把黏土搓揉成小球 |

0～3個月
4～6個月
7～9個月
10～12個月
13～15個月
16～18個月
19～21個月
22～24個月

黏土操作的引導技巧

技巧 1 讓孩子選擇自己想要的顏色。

技巧 2 剛開始先從軟的黏土，看孩子表現，再給硬的。

技巧 3 大人示範動作，孩子跟著模仿，如果孩子有困難，可以扶著他的手幫他做），可參考上頁「黏土操作的動作」來做練習。易至難順序為：按壓 → 搓揉，手掌 → 手指。

技巧 4 將活動趣味化：可以製作孩子喜愛的物品，如：餅乾、麵條、湯圓；變化操作的方式：「在桌子上做球球」、「在空中做球球」、「用手指頭做球球」。

技巧 5 搓揉長條狀時：可以把尺或筆放在前面，用尺或筆的長度為標準，製作出一樣長的麵條。

技巧 6 若一開始動作尚不協調，無法兩手在空中一起搓揉黏土，可以先只用一手的手掌上方搓揉黏土。

技巧 7 進行黏土活動，可鋪上桌巾、穿著勞作畫畫衣。

技巧 8 桌面或手上沾黏黏土細屑，使用黏土團沾附即可輕鬆清理。

技巧 9 器具中的殘餘的黏土，可使用黏土團沾附清理，或使用塑膠刮刀來刮除，再者等黏土乾後會較容易脫落。

((o))
認知能力

常見的手勢、動作、寶寶手語

★關鍵：口語表達前，增加親子溝通交流的方法。

　　口語表達前會先發展非口語表達，包括：透過聲音、動作、手勢、表情等，讓大人了解其需求，在這個階段，大人在與孩子互動時可以用「口語」＋「手勢」的組合讓孩子有更多訊息去了解大人要表達的意思，部分手勢和動作是很自然的，例如：再見時我們會揮手、不要時會搖搖頭，孩子也可以學習運用這些手勢來表達自己的想法和需求。以下列出幾個常用的手勢，大家參考使用於日常互動、親子共讀等等。

吃 指尖合併往嘴送	喝 手成握杯狀喝水	洗手 雙手掌互搓	睡覺 手貼臉頰頭略斜

看 兩指成圓放眼前	聽 手掌放置耳後	安靜 食指放在嘴唇前	停 指尖觸手掌

看書
手掌相靠打開

散步/走路
手指走路

家
指尖相觸做屋頂

開車
模仿轉方向盤

嗨/再見
招手

拜託
雙手合起晃動

對不起
舉手禮+點頭禮

不知道
搖頭手打開聳肩

害怕
拍胸數次

生氣
手插腰/跺腳

餓
雙手按肚微彎腰

時間
手指著戴手表處

社會適應　提示後會做基本的社交動作

關鍵：在社交情境中反覆練習。

　　基本社交動作包括：打招呼、再見、謝謝等，由於這些動作比較抽象，所以孩子一開始並不知道這些動作的意思，但他們會觀察大人的行為然後去模仿，如果孩子不熟練，不建議將這種社交行為在非情境中做重複練習，意思是：特別抽時間重複練習掰掰（動作），但並沒有要跟任何人道別（功能）。

　　社交行為比較適合放在情境中，例如：外出時遇到鄰居、店員、大樓警衛、清潔人員都是練習社交動作的機會，久了會慢慢變成習慣。孩子沒有立即出現動作，大人可以等待孩子十秒鐘，有時候孩子還不熟練時，需要時間回想：這時候要做什麼？不一定是不想做這個動作。如果超過時間孩子還是沒有回想起，我們可以再示範一次或帶著孩子做一次當下要做的動作。

和孩子一起外出散步活動！

如果以電池來比喻，寶寶就像是個高容量鋰電池，並且搭載快速充電系統，隨時就像是充飽電的狀態，而且愈大體力會愈來愈好。小孩會自己走路後，每天需要約 3 個小時的動態活動，才能讓好孩子好好的「放電」喔！而滿足了動態需求，也有助於靜態活動的專注度。

隨著孩子移動能力和認知發展的提升，對事物的好奇和探索能力也驟增，會好像整天都停不下來的樣子！照顧者可能因此感到更加辛苦、疲憊。建議依照孩子的能力發展，在環境和活動上做一些安排，提供能適當挑戰孩子能力的活動與玩具，減少孩子去玩不該玩的物品。（參考 P.196，0 ～ 2 歲作息活動與玩具選擇參考表）

除此之外，還要留意孩子的動態活動量。根據多個國家的「兒童活動量建議值」，大部分會建議在小孩會自己走路後，每天需要「3 個小時」的體能活動，滿足了孩子動的需求後，也有助於靜態活動的專注度。不過，同時仍要考量個別的體能狀況和天生活動量表現來做活動安排。如果目前一天僅有半小時的動態活動，也不須一次就增加到 3 小時，可逐步增加到適合的活動量。

動態活動種類很多，也有不同的費力程度，一天 3 小時可包括不同程度的活動，其實不要一直坐著，光站著活動就是微費力活動。所以要增加動態活動的量，其實沒有想像中那麼困難，可以參考下表活動來觀察目前動態活動的量，也可作為活動安排的參考：

圖表2-52，微費力與費力活動參考列表

微費力	站起來、翻滾、到處走、步行。
費力	追逐遊戲（如：捉迷藏、紅綠燈）、跑來跑去、跳跳床、騎腳踏車、跳舞、跳體操、攀爬、跳繩、玩水、游泳。

　　而且每天動態活動至少 3 小時還有很多好處，首先有助於動作能力發展與協調、肌力的提升，其次有助於骨骼健康、身高發育與睡眠，也都能因此有更好的發展。

19個月寶寶，一起玩丟球遊戲吧！

　　這個階段可以讓孩子接觸更多球類活動了。如果擔心在家丟球比較危險，可以選擇球池用的塑膠球或是揉紙球來丟。丟擲的地方，可以選擇大型的目標物，例如：箱子、簡易球池、水桶等等，目標物愈大愈簡單。投擲的距離，不要太遠，愈近愈簡單，孩子會較有成就感。練習對準投擲時，丟球的動作分為手心朝上拋出和手心朝下丟出，兩個動作都可以讓孩子試試看，並且觀察動作。

　　另外，生活自理部分，孩子開始會簡單的「脫」動作，例如：脫襪、脫鞋、脫褲子、脫外套（需大人先解開扣子和拉鍊）。所以，可把握情境讓孩子練習看看，例如：洗澡前要脫衣褲、回到家脫鞋、脫襪、換衣服時，讓孩子試著脫掉等等。雖然一開始力道可能還不夠，過程中可能會卡住，不過，大人指導下孩子的動作技巧會愈來愈進步。可以告訴孩子：「你試試看，我會幫忙你」，有時候孩子會覺得自己做得不如大人好，就覺得自己不會、想放棄、想要大人幫忙做完，這時候可以給孩子打氣和鼓勵：「我一開始也弄不好，

練習後就會慢慢變好了。」

　　當然，做不好會產生挫折，確實不好受，但勇於面對、克服，進步後自然挫折就少了，成就感就多了，這更是練習生活自理獨立中，更深層所要培養的態度。

♥ 感官知覺	能辨別軟硬[13~24M]
☝ 粗大動作	手心朝下丟物[19~24M]
✋ 精細動作	疊4塊積木[19~24M]
((∘)) 認知能力	辨認自己的物品[19~24M]
💬 語言能力	傾聽一個小故事/旋律/歌曲[13~24M]
☝ 生活自理	脫掉鬆開的鞋子[13~24M]
☺ 社會適應	在其他兒童身旁各自遊戲[19~24M]

表2-53，19個月的參考發展里程碑

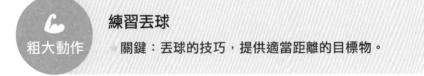

粗大動作

練習丟球
關鍵：丟球的技巧，提供適當距離的目標物。

　　練習丟球時，可能會遇到，孩子的手會緊緊地抓住無法放開，感覺不知道要放開的樣子。這個時候，可以試試看給孩子一個目標

物，例如：大箱子。目標物的距離先以孩子伸手「放」就能成功的距離，成功之後每次將距離增加 10 公分，誘發孩子伸手往前的動作，較短的距離，孩子可能還是會用放的，持續增加距離到他伸長手放不到的距離，他可能會出現類似洗完手甩手的動作，但甩的距離通常很短，如果甩成功就再增加距離。

大人可以視情況帶領孩子手的動作，往前要準備丟的時候，將孩子的手腕稍微下壓，手腕下壓時手指容易伸直而放開物品，讓孩子體驗丟的過程，例如：手用力往前，要鬆手將物品放開，物品因為慣性而繼續往前。

然後，孩子會丟之後，可能會延伸出一個困擾：什麼東西都拿來丟。這主要因為孩子不了解什麼能丟？什麼不能丟？需要大人告訴孩子了。也要安排適合的活動，滿足孩子「丟」的需求，並讓孩子收拾自己丟的東西，培養對行為負責。如果真的丟得太多，超出孩子的收拾能力，大人可以陪同收拾，但要避免都由大人收喔！

練習穿脫鞋的技巧
關鍵：選擇好穿脫、魔鬼氈鞋款，一步一步獨立。

生活自理

這個階段的孩子，能試著「脫掉」無鞋帶或已鬆開鞋帶的鞋子。太緊或高筒的款式不易穿脫，可先選擇魔鬼氈易鬆開、有鞋舌能打開、好套入的鞋款，來增加孩子練習信心！若孩子手指已有力，也可讓孩子練習撕貼魔鬼氈。雖然，大約 2 ～ 3 歲才能獨立穿上鞋子，但大人協助穿鞋的階段，就跟孩子說明，讓孩子觀摩學習。以下為穿魔鬼氈鞋子的步驟說明：橘色步驟為孩子可先嘗試練習、比較簡

0～3個月
4～6個月
7～9個月
10～12個月
13～15個月
16～18個月
19～21個月
22～24個月

單的部分（腳伸入鞋子），紅色步驟先由大人協助和示範：

圖表2-54，穿鞋子的步驟分析

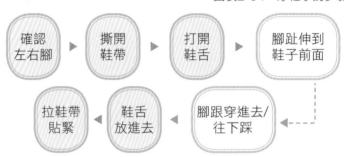

孩子大約要到 4 ～ 5 歲才能分辨鞋子左右，所以爸媽不必操之過急。想協助孩子分清楚，可使用視覺提示：1. 鞋子上的圖案（通常外側有圖案） 2. 用奇異筆在鞋墊、鞋後等處做記號，例如：孩子慣用邊為右側，右腳鞋墊腳跟處畫一顆星星，孩子只需要記得拿湯匙那邊的鞋子有星星，將鞋子左右擺好後再開始穿。

穿鞋時可視情況坐地面或坐椅子練習穿脫。經驗上，坐椅子的姿勢較好做出腳往下踩穿入鞋內，所以可以準備穿鞋的小椅子或板凳，高度要讓孩子的腳至少可踩地或椅面略低，要讓孩子能坐穩、抬起腳穿脫時，另一腳可踩地穩住，之後黏貼鞋帶也比較好彎腰。

圖表2-55，穿鞋子的參考發展里程碑

年齡	能力表現
1～2歲	能脫鬆開的鞋子。
2～3歲	能穿上鬆開的鞋子，能解開、扣合魔鬼氈鞋帶、能解開鞋帶。
3～4歲	能解開、扣合魔鬼氈鞋帶、能解開鞋扣。
4～5歲	能綁鞋帶。

和別人一起玩遊戲

😊 社會適應

關鍵：依照年齡判斷，不強迫分享或一起玩。

　　小孩遊戲方式有階段的發展，所以要看年齡才能判斷是否合宜，通常 0 ～ 3 歲以單獨遊戲和平行遊戲為主。平行遊戲指的是：小朋友雖然在同一個空間遊戲，主要還是各自玩各自的，但過程可能會停下來看別人怎麼玩，以下是遊戲和年齡的參考表。

圖表2-56，各年齡的遊戲模式

遊戲模式	主要階段	行為描述
單獨遊戲	0～2歲	一開始會玩自己的手腳嘴巴，再接著玩玩具。
旁觀者行為	0～6歲	指的是靜靜觀察其他幼兒在玩什麼，3歲前通常只是看，不會過去參加，3歲後若看了後有興趣，可能會進一步去參加遊戲。
平行遊戲	2～3歲	在其他小朋友旁邊玩類似的活動，但沒有交談互動，專注在自己的活動中。
聯合遊戲	3～4歲	在一起玩開始會交談互動、分享玩具和想法，如：跟其他小朋友說自己用積木蓋了一個屋子，但主要還是自己做自己的事。
合作遊戲	> 4歲	開始出現計畫和分工，與其他孩子一起完成，例如：要玩動物園遊戲，一個人負責找動物模型、一個人拿積木蓋圍牆等，以組織起遊戲。

20個月寶寶，不斷吸收所見所聞

孩子對聽過、看過的東西會展現出記憶力，甚至令人有種「他突然就會了」的感覺，其實都經歷過學習（輸入），透過大腦處理、記憶後開始做反應了！（輸出）例如：經常被家長關注的語言發展，在真正開始說話前，有很長一段的學習是輸入和記憶（語言理解），這個階段，教的人比較收不到回饋，因為孩子反應不明顯，但還是能用一些方式觀察學習效果，像是孩子能指認（指著物品或圖片回答問題）、詢問下點頭或搖頭（肢體語言）、正確執行指令等等。

所以，大人也要留意言行舉止，避免不禮貌、不文雅的字眼或動作，孩子可能會默默記得，然後在某天說出來喔！畢竟孩子可能不了解那是不合適的，無法像大人一樣依場合去調整自己用詞。

圖表2-57，20個月的參考發展里程碑

♥ 感官知覺	找到發出聲音的日常物品[19~24M]
✋ 粗大動作	向前踢球、物[19~24M]
☝ 精細動作	打開糖果紙[19~24M]
(◎) 認知能力	記憶一些兒歌片段[19~24M]
🗨 語言能力	指出圖片中的物體[16~24M]
✋ 生活自理	用湯匙舀飯，大致保持清潔[19~24M]
☺ 社會適應	引導下，與大人玩簡單互動遊戲[19~24M]

踢球練習

粗大動作

★關鍵：讓球不亂滾，增加成功機率。

如果球不易對準，可將球放在奶粉蓋或其它類似較淺的蓋子，球就不易亂滾，初期練習時比較容易對準、增加成功率，選擇較大的球也會是比較容易對準的。

能撕開糖果紙

精細動作

★關鍵：日常生活，增加手部操作練習。

撕開糖果紙是常見的發展篩檢項目，通常會用撕鋸齒狀包裝來觀察手部動作和肌力。但日常中常見的包裝也可觀察。若打不開，可先確認是否連大人都很難開？若要加強練習，除了包裝袋，日常中適合孩子打開的碗蓋、盒蓋、夾鏈袋等等都可作為練習項目。

能指出圖片中的物品

語言能力

★關鍵：從看過的圖卡或繪本開始練習。

可使用孩子看過的圖卡或繪本，詢問孩子某物在哪裡，例如：「杯子在哪裡？」「花在哪裡？」。過程中，孩子要先聽得懂大人說的詞彙，然後想起該詞彙所代表的圖像，接著從畫面中找出來。若孩子找不到圖片中的物品，可回頭確認換成實物是否能指認。

21個月寶寶，觀察如廁前備技能

這個階段可能會有較多的關注在「戒尿布」這件事上，戒尿布不是單純把尿布脫掉，而是要能忍住尿意、並知道要到馬桶再尿出來，自己脫褲子上廁所等等。過程牽涉了認知、生理成熟、動作、表達、感覺察覺等能力，如果孩子基本能力還沒有準備好，練習起來相對非常困難，例如：孩子尿尿便便不會有明顯反應，大人就較難抓時間帶孩子去廁所。所以孩子具備一些基本能力以及環境上的準備再開始會比較順利。

圖表2-58，21個月的參考發展里程碑

♥ 感官知覺	能辨別乾濕[13～24M]
🖑 粗大動作	由蹲姿不扶物站起[19～21M]
✋ 精細動作	一手扶玩具，一手操作[19～24M]
((•)) 認知能力	配對三角形鑲嵌玩具[19～24M]
🗨 語言能力	表達自己尿尿或便便了[13～24M]
👍 生活自理	粗略用毛巾擦嘴或手[13～24M]
☺ 社會適應	當做不到時，會顯露挫折[19～24M]

主導手與輔助手的分工與協調

精細動作

★ 關鍵：透過數個精細活動觀察，不刻意換手。

　　1 歲前的寶寶的操作動作，大部分只會以一隻手操作或兩手做同樣的動作，例如：1 歲前，只能專注在抓湯匙的那隻手的動作，還不太會扶碗，所以階段性使用吸盤碗達到扶碗的效果。1 歲後隨著發展，孩子的雙手慢慢會區分為「主導手」和「輔助手」，主導手就是慣用手負責做較精細的操作，輔助手則「協助穩定」讓活動進行更順利，例如：一手扶紙一手畫畫、一手拿袋子一手放物品、一手扶碗一手用餐具。主導手和輔助手之間的分工與協調是很重要的，會影響操作的表現，例如：切菜的時候不能切到另一隻手、寫字的時候輔助手要適時調整紙的位置。

　　這時候，很多爸媽會開始思考孩子是左撇子還是右撇子的問題。其實，大約要到 3 ～ 4 歲，慣用手才會發展穩定，在之前可能會出現換手操作，但孩子會慢慢找出哪隻手操作比較順，然後以那隻手來做精細操作。

　　想知道慣用手是哪一隻手，需要透過數個精細活動來觀察孩子使用左右手的比例，使用比例超過一半項目以上的即為慣用手，所以不會單看一個活動就判斷孩子的慣用手。適合觀察慣用手的精細活動有：疊積木、撿書、畫圖、寫字、用橡皮擦、筷子、鑰匙、剪刀、湯匙等等。在日常中，一手的操作頻率高於另外一手，而操作表現較好的那隻手，通常會發展為慣用手。

　　現在觀念比較進步了，比較不會去改孩子的慣用手，有些左撇子的小朋友被要求改為右手操作，會出現一些臨床徵狀，例如：顛

倒字、口吃等等，如果有這些狀況，就不建議讓孩子改慣用手。此外，目前也已有設計給左手使用的文具、用品，讓操作上更順手了。如果受到腦外傷，左右手會混著用，沒有左利或右利的傾向，就要再觀察，幫孩子找出來使用頻率比較高的手，訓練做為主導手。

如廁訓練前要先會表達

語言能力

★關鍵：能察覺並表達尿尿需求，如廁訓練較能順利成功。

戒尿布前孩子要先有：「如廁前表達」，指的是已經尿尿便便了，孩子能察覺並試著「告訴大人」，包括肢體動作的表達方式，如：拍尿布，所以可等表達能力出現後，再開始安排在馬桶如廁，依據發展里程碑約 2 歲前會發展出如廁前表達能力，若孩子語言表達發展較慢，則會再評估訓練的時機。

一般 2～3 歲間有戒掉尿布都算正常發展進度，有些語言發展較快且願意配合的孩子，可能就會更早戒掉，所以，還是要依孩子狀況來安排如廁訓練。

如廁表達的「詞彙」可在換尿布時就開始說給孩子聽，如：換尿布洗屁股時，跟孩子說：「尿尿了」、「便便了」，讓孩子多聽多熟悉這些詞彙，都會產生聽覺記憶，進一步去練習使用這些詞彙來表達自己的如廁需求。孩子在口語上未熟練前，使用肢體動作來表達（如：拍尿布），也算是有做如廁的表達喔！

社會適應　協助挫折忍受度低的孩子增加自信心

關鍵：累積立即成功經驗與提供安全感。

　　每個人對失敗或困難的「挫折忍受度」不同，有些一次挫折就拒絕嘗試，有些雖然失敗但願意繼續試試看。而陪伴孩子練習的人在面對挫折的「反應」和「支持引導方式」也會影響孩子的信心。挫折忍受度低的孩子不一定會明確讓你知道：他不願嘗試的原因是害怕失敗，有時候孩子會說「我不要」來避免挫折，大人聽到孩子說「我不要」可能會以為是「不想做」、「不配合」，但孩子不一定是不想或不配合，可能內心想嘗試但又害怕自己做不好，害怕挫折的心大於想嘗試的動機。所以當孩子說「不要」的時候，可先不要當作不配合，可以進一步詢問孩子原因，也許孩子就會說出「我不會」、「太難了」，而還不太會表達又挫折忍受度低的孩子，我們可用下列 2 個策略引導孩子：

1 從活動的最後一步驟開始練習

　　一般練習會從第一個步驟開始逐一練習，但挫折忍受度低的孩子比較需要「立即的成功經驗」，所以較適合從最後一個步驟開始練習，因為完成最後一個步驟，整個活動就完成了，可以較快獲得成就感。例如：拼拼圖，大人先示範拼前面，最後一片給孩子拼，讓孩子拼一片就完成拼圖。

2 提供安全感的練習

　　可以在每個新練習開始時跟孩子說：「我們來試試看，因為還

在練習，做不好也沒關係喔！」孩子做不好的地方，比起告訴孩子「不要那樣做」，更重要的是告訴孩子「要做的事」、「修正的方法」以下就幾個常見的情境，示範「不要做的事」以及「要做的事」，大人可以慢慢調整自己的說法喔！表格中括號的部分是「說明原因」，跟孩子說明為什麼要這麼做的原因很重要，孩子比較不會覺得是「被強迫照著大人的意思做」而是「這麼做會有什麼後果、什麼影響」，幫助孩子了解因果關係、不是單純聽從而已，真正的理解為什麼要這麼做、而主動去這麼做，若只是單純聽從某個大人說的話，就可能會出現那位大人不在時，行為又跑出來了。

圖表2-59，肯定句使用範例

情境	不要做的事	要做的事
丟球沒有丟中	不要亂丟	要瞄準（才不用一直撿球）
吃飯灑到滿桌	不要灑出來	動作要小力一點、湯匙吃完放碗裡。
收玩具很用力、很大聲	不要用丟的	要小聲輕輕的（東西才不會壞掉、才不會很大聲）
逛街跑來跑去	不要跑	慢慢走（才不會撞到東西）
畫到不該畫的地方	不要畫桌子	畫在紙裡面（畫外面會弄髒喔！）

並非完全不告訴孩子「不要做的事」，只是較小的孩子比較聽得懂「要做的事」，約 1.5 ～ 2.5 歲才能聽懂否定句（主詞＋不要／不想／不能／不會／沒有），如：你不要摸、妹妹不想玩、媽媽沒有穿襪子等等。所以，可依孩子的語言理解能力，適當使用「不要……」與「要……」來教導孩子。此外，使用肯定句比較有正向感受，因為肯定句聽起來有引導的感覺，否定句有糾正的感覺。

是個有自己想法的小大人了！

這個階段的孩子，開始有了自己的想法，想要自己做決定，不想被大人控制，所以經常掛在嘴邊的就是「不要」兩個字。大人除了有技巧性地讓孩子有自己做決定的機會，也仍需維持既有的原則，來避免讓孩子養成哭鬧或不要就能達成目的的習慣喔！

　　愈接近 2 歲，孩子因為認知語言的發展，慢慢萌發自主意識、想要自己做決定，並搭配上語言的「否定句」使用，開始會出現類似「唱反調」、「為了反對而反對」的行為，例如：常常說不要、什麼都不要、大人說的都不要等。

　　通常孩子不一定是真的不要，而是開始想要「自己做決定」、「不想被大人控制」，但其實尚未能正確判斷所有事情，所以大人可以稍微技巧性的「提供適合的選項」，讓孩子覺得是自己做決定，而選項須設定大人覺得合宜的，這樣一來可稍微降低糾結在不要的困境。不過，有危險性的事、一定要遵守的常規、已經達成共識的事情，則不能因為孩子哭鬧就妥協，當孩子知道哭鬧是有效的策略，之後可能就會使用這樣的策略使大人讓步。

22個月寶寶，盡情地追趕跑跳吧

　　隨著孩子體力變好，總睡眠時數會減少、活動量會增加，這時可多運用公園來滿足孩子動的需求，避免每天都在家進行靜態活動。因為當動的需求沒被滿足，孩子會像一個發動中的引擎，無法

好好靜下來進行靜態活動，而大人則可能誤以為孩子是「注意力不足」或「對靜態活動沒興趣」，不妨帶孩子到戶外，讓孩子可盡情開心大笑或跑跑跳跳，又不用擔心吵到鄰居。

另外，塗鴉畫畫能練習到多種能力，包括：動作控制、視知覺、顏色概念、肌力等，也是運筆書寫的前備技能，這個階段可多安排畫畫的機會。如果擔心弄髒、清潔費時等困擾，可選擇好清潔、易水洗的畫筆或顏料，或者就在廁所作畫，也可讓孩子參與清潔收拾，來減輕清潔的壓力。

圖表2-60，22個月的參考發展里程碑

♥ 感官知覺	能辨別粗滑[13～24M]
✌ 粗大動作	會騎木馬或公園搖搖馬[19～24M]
♪ 精細動作	模仿畫直線[19～24M]
(◎) 認知能力	能拼簡單的2塊大拼圖[19-～4M]
語言能力	至少會講10個單字[19～24M]
生活自理	大拇指放入襪口脫短襪[19～24M]
☺ 社會適應	爭奪物品的擁有權[19～24M]]

粗大動作

到公園進行體能活動
★ 關鍵：動夠了，才能靜下來。

隨著孩子的年齡增長，所需的活動量也大大增加，帶去公園可自在地跑跑跳跳、爬上爬下、盡情宣洩聲音，也不用擔心聲音太大會吵到鄰居，當「動」的需求被滿足，孩子也比較不會躁動。

近年來，各地區也慢慢推動「共融公園」，目的是提供所有兒童都能玩樂、遊戲、發展能力的遊樂設施，具有多元刺激、寬敞、安全、具互動性、有趣及舒適等特色的遊戲環境，並引進國外特殊設計的遊具，讓身障的孩子也能到公園享受玩的樂趣。不妨了解看看附近有哪些公園，或許會有新的發現！

公園裡的器材，包括：溜滑梯、蹺蹺板、搖搖馬等等，如果可以好好運用的話，也可以成為訓練孩子體能的最佳工具。每個公園遊戲器材的設計和安全不同，爸爸媽媽也可參照現場標示的建議年齡，再讓孩子使用。

圖表2-61，公園設施適用年齡與促進項目

	搖搖馬	溜滑梯	蹺蹺板	盪鞦韆	攀爬架
參考年齡	1.5～2歲	2～2.5歲	3～4歲	3～4歲	3～5歲
促進項目	平衡 軀幹肌力 上肢抓握	下肢肌力 （爬梯） 前庭覺	平衡 軀幹肌力 上肢抓握	前庭覺刺激 軀幹肌力 抓握	全身肌力 動作計畫 平衡

精細動作

畫圖技巧的發展

★關鍵：基礎能力發展紮實，有助於未來書寫。

在基本能力尚未足夠前，例如：肌力和動作控制，不建議太早讓孩子書寫。前面有提到 1 歲後可開始嘗試塗鴉，同時也會練習手部肌力、動作控制、協調和視知覺等活動，隨著這些能力的進步，慢慢會出現仿畫，也就是看著他人畫的線條、圖形當範本，然後自己畫出相似的線條、圖形，一開始不會一模一樣，線條可能略歪斜或長度不一。所以，畫畫活動不是單純運筆動作而已，還牽涉到很多能力，例如：手部小肌肉力氣、對準和協調、視知覺等等。

缺乏上述某項能力都可能會影響畫畫或書寫的表現，所以當孩子畫得不是很順利，調整方法不見得就是增加畫畫的時間，而是先觀察基礎能力的發展。尤其是以下的前備技能：

圖表2-62，畫畫的前備技能

手部小肌肉力氣	手指動作控制	對準與協調度	視知覺
捏：黏土、泡泡紙 拔：積木、蓋子 壓：小按鍵、夾子 撕：魔鬼氈、包裝	轉：發條、旋鈕 搓：黏土球或條 撿：小物品 手指謠、手勢動作	串珠、投幣、鑲嵌板、插棒插吸管、鑰匙玩具、實體迷宮、套圈圈	配對、指認實物、照片、插圖從簡單或複雜圖片中找指定物

在開始書寫前，也會建議先能平順地畫出 9 個基本線條圖形，而畫出這些圖形，則是依序慢慢發展的。

$$| - ○ + / □ \ × △$$

這 9 個圖形包含了不同方向的運筆動作，包含：從上到下、從左至右、過中線的動作以及轉彎角度的控制，除手部的動作，在視知覺上也包含了垂直和水平、閉合、對稱等等概念，這些在未來書寫文字符號時，都是很重要的基礎能力。

線條圖形的練習，可以先由大人示範畫給孩子看，讓孩子仿畫，跟你畫一樣的。如果孩子不了解「要跟著畫一樣」的意思，大人就帶著孩子的手畫一次，並說：「畫一樣的直線」，然後可以結合孩子理解的圖案來引導，例如：圓形想像成畫太陽、球、輪胎、直直的線像下雨、兩條橫線像畫馬路，來提升孩子畫畫的興趣和參與度。各年齡的塗鴉和畫圖形的發展，可參考以下表格。

圖表2-63，運筆的參考發展里程碑

年齡	表現活動
1歲	隨意塗鴉
2歲	可畫出直線、橫線、圓
3歲	可把直線、橫線、圓畫的很好
4~5歲	可以畫十字、右斜線、方形、左斜線、叉叉
5~6歲	可以畫三角形

生活自理

練習自己穿脫襪
★關鍵：選對襪子，練習更順利。

　　剛開始練習，建議選擇襪口較鬆、短筒、外側／襪底／襪跟有圖案或能夠提供視覺提示設計的襪子，對孩子來講有這些視覺的輔助，穿脫襪子會比較容易成功喔！若是全素色的襪子則較難分辨襪底和襪面，而較緊的襪子或長襪則不好拉上，增加穿脫的困難度和失敗的機率！一開始，大人可帶著孩子的手穿襪子，並逐步說明步驟與技巧。

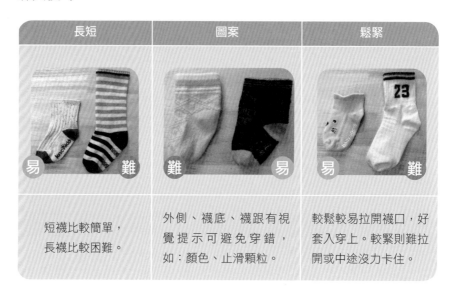

長短	圖案	鬆緊
易　　難	難　　易	易　　難
短襪比較簡單，長襪比較困難。	外側、襪底、襪跟有視覺提示可避免穿錯，如：顏色、止滑顆粒。	較鬆較易拉開襪口，好套入穿上。較緊則難拉開或中途沒力卡住。

　　小孩自己穿上襪子大約要 2 ～ 3 歲，在這之前大人協助穿的時候，可一邊穿一邊說明步驟給孩子聽。然後，小孩可能拉著襪口就直接套上腳（沒有縮短襪子），就可能會出現小趾頭卡住襪子的狀況，如果經常發生，就可以教導「手指將襪收短」的步驟再穿上，

或是腳趾頭要縮起來的細節。帶孩子練習穿襪子的參考步驟如下：

圖表2-64，穿襪子的步驟分析

確認
襪跟位置 ▶ 雙手
拉開襪口 ▶ 手指
將襪收短 ▶ 套入
腳趾 ▶ 將襪子
拉起 ▶ 確認
襪子穿好

圖表2-65，穿脫襪的參考發展里程碑

年齡	參考發展表現
1～2歲	能拉脫襪子。
2～3歲	能穿上襪子，未能分襪跟。
3～4歲	能將襪子翻回正面，能正確穿上有襪跟的襪子。
4～5歲	能藉著印花分辨襪子的左右。

☺ 社會適應

建立良好的物權概念
關鍵：不強行控制，以引導讓孩子成功互動。

這階段，孩子開始會出現把東西搶到身邊並聲稱是他的，或自己曾經用的嬰兒物品，不肯給弟弟或妹妹使用並搶過來，開始大量出現「這是我的」的主張，可能連爸媽都碰不得這些物品。這時候可能會困惑這樣要不要教孩子分享？怎麼跟他溝通？其實，這是孩子正在發展「自主性」和「獨立性」，而物品和空間的「劃分」讓孩子有自主控制和安全感，也是邁向獨立的開始，若大人強行控制，孩子可能會反抗、降低自尊心等，反而影響日後與人相處。

我們可以依情況來和孩子溝通，第一種情況：這個物品明確屬

於他的，但不願借出，那我們需尊重他的決定，就像我們自己珍惜的東西，也不會輕易外借。尤其如果孩子預期東西可能會被弄壞的情況下，那更加不願意將物品借給他人。

第二種情況是：物品的擁有權模糊，孩子們搶奪玩具、發生爭吵。首先，先來了解孩子在這種情境，通常如何認定物品所有權的4個方法，包括：「離我比較近」、「我做的」、「我帶來的」和「我先拿到的」，遇到這類情況，有2個引導方法：

1 訂定清楚明確的規則或預告

如果是在家裡，可規定每個人玩 10 分鐘交換玩具。而在外面不便直接要求他人也這麼做，但可以試著練習詢問他人交換玩具的意願，詢問前，可以先和孩子預告，詢問不一定會成功，我們要尊重別人的決定，因為我們也有不想交換的時候；或者引導孩子先去玩別的玩具，等別人玩好了再來玩；也可以幫孩子找尋其他有興趣的玩具，轉移孩子的注意力。在外面要引導比較不容易，建議可在家模擬練習、建立概念，外出時會比較好引導。

2 提供數量足夠的玩具

這邊指的是孩子有興趣的玩具數量，如果玩具很多但大部分不符合孩子興趣，也還是會發生爭奪特定少數玩具的情況，但如果玩具真的有限，還是可以透過上一個方法來引導孩子。

此外，「關係的友好程度」也是影響孩子是否願意與同伴共享玩具的主因。在孩子還未能有良好的互動技巧前，有賴家長居中引導雙方的互動方式，示範有禮貌的詢問和互動方式，讓孩子學習，也能讓互動比較溫和。有了練習的經驗後，孩子會慢慢習得用適切的方式來互動。

23個月寶寶，渴望表達自己的情緒和想法

　　愈接近 2 歲，孩子有更多的情緒表達和堅持，大人也有自己的忙碌疲憊，因此親子互動上難免會有衝突或摩擦，或有時迷惘於自己是不是沒有教好孩子？其實有時候並不是沒教好，只是還沒有找到適合的方法，我們是孩子的支持者，但我們不是他，無法操控孩子的一舉一動，不過，我們可以先告訴孩子這個行為可能會有什麼後果？他可能要承擔什麼？讓他了解事情的因果關係，讓孩子去思考自己要不要這麼做？為什麼不能這麼做？

　　另外，孩子因為還在學習中，對規範還不熟悉，過程中發生失誤都是正常的，因此孩子很需要您持續教導他，需要時間去練習和變成習慣。就像我們剛踏入公司，很多事情不懂的時候，甚至犯錯的時候，會很希望有人可以幫一把或經驗分享！如果上司一直指責你怎麼做錯了，沒有告訴你該如何調整修改，我們也會感到挫折和迷惘。

　　尤其孩子表達能力還沒那麼熟練的時候，很需要我們去察覺心聲，也許孩子想跟您說：「我不會，請媽媽教我」「我忘記了，媽媽請幫忙」。這兩句話，在寶皇口語能力比較好的時候，我就教他說，當他真的不知道或弄不好的時候，可以這樣適當表達，來取代生氣或破壞的肢體動作表達。

♥ 感官知覺	能辨別口中食物的軟硬[13～24M]
💪 粗大動作	能上下斜坡[19~24M]
♪ 精細動作	能套疊方形套疊積木[19~24M]
((•)) 認知能力	取數量1的物品[19~24M]
💬 語言能力	使用電報句[18~24M]
👍 生活自理	將垃圾放進垃圾桶[13~24M]
☺ 社會適應	堅持用自己的方式做事[19~24M]

語言能力

將已會的詞彙組合成電報句

★關鍵：鼓勵孩子更完整的表達，持續增加詞彙量。

　　電報句指的是由 2 個詞彙組成的句子，如：「主詞＋動詞」、「動詞＋受詞」，相較於簡單句「主詞＋動詞＋受詞」，電報句比較簡單、會更先發展出來。以下是生活中常見的電報句舉例：

圖表2-67，詞彙組合表

主詞+動詞	我要、媽媽來、爸爸掰掰、媽媽開、爸爸看
動詞+受詞	丟球、吃飯、喝水、穿鞋、吹泡泡、謝謝媽媽

　　而電報句的前備能力，包括：足夠的詞彙量（1.5 歲約能說 50 個詞彙）、理解電報句指令（如：丟到垃圾桶、拿球），如果孩子一直沒有說出電報句，可先確認上述兩個前備能力是否足夠，若這兩個能力都已具備，那就能進一步引導孩子將兩個詞彙組合。

　　日常中，可以「用孩子喜歡的物品，鼓勵孩子表達後，再給物品」，例如：孩子很喜歡吃水果，所以在練習名詞的階段，就鼓勵孩子說出水果名稱，再給孩子吃一口水果，每吃一口都可做一次練習，一開始先不用要求發音正確，以免孩子一直被調整發音、努力太久吃不到水果，感到不耐煩而放棄，孩子有嘗試表達就可以給回饋，隨著練習再慢慢調整發音。

　　到了電報句階段，除了說出水果名稱還要加上動詞，如：「吃葡萄」、「我要吃」，剛開始大人可唸「要吃」、「葡萄」讓孩子跟著仿說，而其他日常活動中也可運用此概念來增加練習。當確定孩子熟悉某些電報句後，就要開始減少示範，增加孩子主動性，例如：孩子學習說過「拿水杯」，孩子要喝水的時候，手伸向桌子上水杯，只說了「拿」，這時候大人要露出疑問的表情問孩子：「要拿什麼呢？」孩子可能會回答：「水杯」，這時大人回覆孩子：「要講完整：拿水杯」，重複「要講完整」的提示，之後孩子聽到「要講完整」就會想起要講電報句或句子。

　　雖然我們很懂孩子的意思，但有時因為太了解就直接幫忙，反而讓孩子表達完整清楚的必要性下降，如果只要說單詞就能被滿足，就不需要說句子了。

與孩子的堅持共處

關鍵：了解、尊重並提供選擇，引導思考。

　　這個階段的孩子正在發展「自我」和「獨立」，開始有了自我想法，就像我們也渴望自己做決定、希望他人尊重自己的決定，但孩子因表達能力和認知能力尚在發展，有時無法說出堅持的原因，也無法像大人考量周全，若這時沒有了解孩子堅持的原因，而針對表面的哭鬧行為做糾正，反而親子關係變得緊張，孩子也不知道該如何跟父母表達自己的想法，或者擔心被責備，更不敢表達自己的想法。大人可以嘗試下列 3 個方法來面對孩子的堅持。

方法1 了解背後的原因

　　聆聽孩子或幫孩子說出他的想法，縱使最後不一定會照著他的意思，但這樣做能讓孩子感受到父母願意去了解和在乎他的想法，這樣孩子情緒方面就會緩和很多。

　　如果孩子還無法用口語表達原因，可能會用哭來表達，這時可試著猜想孩子的想法，並幫忙說出來，例如：準備要出門時，大人要幫孩子穿鞋，孩子哭著把鞋搶過來、拒絕穿鞋，這時可詢問孩子：「你想要自己穿嗎？」通常孩子的反應會讓你知道有沒有說對（如果沒有說中可以繼續猜），如果是，你可以告訴他：「那你先試試看，如果需要幫忙，媽媽再幫忙你！但只能試 2 分鐘喔！因為我們要準備出門了！」如果時間上較急迫，還是可以在尊重他的意見下，加上一些時間限制，通常孩子覺得被尊重後，他也願意接受你的提醒和協助。一般孩子堅持的事件會是重複的，第一次好好花時

間處理，再發生時的處理時間會慢慢縮短。

方法 2 在不違反常規下，可尊重孩子的想法

例如：孩子堅持自己穿鞋，如果時間上允許，就當作孩子主動想要練習，當作一次練習的機會。出門堅持穿自己選的衣服，可事先準備兩個合宜的選項，讓孩子選擇一件，這樣讓他有自己決定的感覺，也避免選到不適合的衣服。

方法 3 引導孩子思考和提供選擇

如果孩子的堅持並不適切或影響他人時，這時候就要向孩子說明原因或幫助他轉念。例如：出門時堅持要帶拼圖出門，但拼圖出門可能會弄不見，這時候就可向孩子說明「他沒有想到的後果」和「其他選項」例如：拼圖因為小小的很容易不見，不見了是不是會很難過？我們讓拼圖在家裡等你回來！然後讓小汽車或大象娃娃陪你出門！你要選小汽車還是大象娃娃呢？

24個月寶寶，面對挑戰不退縮

2歲的能力已經跟1歲有很大的差別，也會開始想要獨立自主，所以我們可以順著這樣的發展，教導生活自理的獨立性，不論是吃飯、穿脫、盥洗、收拾等等。大人也要提醒自己要慢慢減少協助程度，雖然直接幫孩子做一定又好又快，但孩子需要練習和學習的機會，過程雖然會有挫折和遇到困難的時候，但人生不就是一路克服困難、熟能生巧呀！

培養孩子生活自理獨立，不只是表面上吃飯或穿衣的動作，更

是培養一種學習態度和解決問題的能力，我們無法在孩子身邊照料他一輩子，但我們可以協助他成為一個獨立自主、願意嘗試挑戰、想辦法解決問題的人！這個過程除了孩子，我們大人也需要發揮問題解決和溝通引導，這對孩子也是一種潛移默化的示範學習喔！

圖表2-68，24個月的參考發展里程碑

♥ 感官知覺	知道部分與整體的關係[19~24M]
粗大動作	能雙手扶著扶手下樓梯[19~24M]
精細動作	一頁一頁翻薄書[19~24M]
((◦)) 認知能力	模仿唱數1.2.3[19~24M]
語言能力	說出6個身體部位名稱[19~30M]
生活自理	脫下已解開的外套[24~36M]
☺ 社會適應	對別人的情緒做出回應[19~24M]

視知覺和生活操作與書寫息息相關

感官知覺　關鍵：日常就可觀察視知覺能力，適時調整難度。

　　首先簡單說明「視覺」和「視知覺」，視覺主要是：看不看得到？看得清楚不清楚？而視知覺是：看到後，大腦分析理解看到

的是什麼？然後作出適當反應。例如：馬路旁邊出現一個立牌寫著「Kielletty eteenpäin」，你有注意這個立牌、也有看到上面寫了東西（視覺能力），但因為大腦的記憶庫沒有相關的經驗和資料，所以你不知道該如何反應（視知覺能力），也或者有些人根本沒有注意到立牌的存在，其實立牌寫得是「禁止往前」（波蘭文）。所以視知覺比視覺更牽涉：認知、記憶、注意力、區辨等能力。而視知覺能力看似抽象，但跟生活、操作、書寫表現息息相關喔！例如：常常找不到東西、拿錯東西、遺漏東西、書寫錯誤、正反面錯誤等，都可能是因為視知覺不佳。

　　我們可以在生活中觀察孩子的視知覺能力，例如：請孩子到玩具櫃拿指定的玩具、當小幫手拿生活物品、閱讀時請他找書本中的圖案，觀察孩子是否能找出指定物。如果孩子找不到，可以運用下面３個方式來簡化難度：

方法 **1** 遮蔽干擾物的數量

　　孩子找不到書本圖畫中的風箏，大人用手遮住書本其他畫面區域，只剩下天空、雲朵和風箏讓孩子找出風箏。

方法 **2** 縮小範圍

　　請孩子到玩具櫃拿某樣玩具，而玩具櫃有３層，孩子來回找尋３層仍找不到玩具，這時大人可指著玩具所在的那層，縮小搜尋的範圍，請孩子找那層就好。

方法 **3** 環境是否太多東西

　　將環境簡化或收起部分物品，避免干擾或刺激過多。

認知能力

生活中的唱數活動
★關鍵：大人慢速度且清晰的示範。

　　唱數指的是：唸唱 1.2.3（或更多），生活中的練習包括：爬樓梯時數爬了幾階、洗手時數沖洗秒數、躲貓貓唱數、兒歌歌詞，大人示範時速度要慢且清晰，先從 1～3 開始，再依學習進度再增加至 1～5、1～10 等等，如果孩子一開始沒有跟著唸也沒關係，可持續唸，讓孩子產生聽覺記憶。而唱數與「點數」或「數數」不同，點數是點數物品的數量，要到 2～3 歲才會逐漸發展。

語言能力

身體部位的認識順序
★關鍵：大人帶著孩子一起認識，並鼓勵回答。

　　2 歲前，會先從基本身體部位開始認識，例如：指著孩子的手並說：「手」然後請孩子一起指或仿說，教幾次後再詢問孩子：「手在哪裡？」「（指著手問）這是什麼？」來確認孩子的學習狀況，孩子用指或說來回應皆可。但會說的身體部位則鼓勵孩子用說的。而身體部位的認識有難度之分，可分為基本和進階兩階段：

圖表2-69，身體部位認識難度表

年齡	難度	部位
1.5～2歲	基本	手、腳、頭、肚子、眼睛、鼻子、嘴巴、耳朵等
2～2.5歲	進階	膝蓋、肩膀、屁股、手指、腳趾、大腿、脖子、腰

生活自理

練習脫簡單的衣服

★關鍵：從寬鬆開襟的款式入門，並協助困難處。

上衣通常先從寬鬆且開襟的衣服來練習會比較簡單，例如：已解開扣子或拉鍊的襯衫或外套，並搭配下列技巧：

技巧 **1** 示範、教導脫外套步驟

可逐一步驟帶著孩子練習，速度放慢讓孩子記憶動作步驟。其中步驟③「一手拉袖子、一手從袖子出來」一般從慣用手先脫會比較順，如：孩子慣用手為右手，先脫右邊會比較容易。也可運用抖動的方式讓衣服移下，通常會運用在步驟②和③之間。

① 雙手抓著前襟脫至肩膀處 ▶ ② 雙手放開前襟 ▶ ③ 一手拉袖口一手從袖子出來 ▶ ④ 換另一邊的袖子

技巧 **2** 使用孩子聽得懂的話，可參考下方範例

① 兩隻手抓衣服這裡 ▶ ② 把衣服往下脫 ▶ ③ 這隻手抓袖子 ▶ ④ 這隻手伸出來 ▶ ⑤ 換這手抓這手伸出

技巧 **3** 可適度幫忙

初期練習，若衣服卡住，大人可幫忙拉一下，讓孩子先有成功經驗，或帶著孩子的手去處理卡住的地方，學習問題處理的技巧。

右側標籤：
0~3個月
4~6個月
7~9個月
10~12個月
13~15個月
16~18個月
19~21個月
22~24個月

Chapter

03

0～24個月，
作息與玩具

寶寶一日作息×發展促進

- [ ] 發展里程碑與作息結合
- [ ] 生活中自然促進發展
- [ ] 作息有方向，減輕爸媽壓力
- [ ] 家人們也能參考來帶寶寶
- [ ] 曼曼與寶皇一日作息分享

將發展目標融入寶寶的作息中

本章整理了 3 種表單，幫助照顧者在日常中就可以帶寶寶練習重點發展項目，以及挑選適齡的玩具，以滿足寶寶學習動機與發展促進。以下先說明各表單的功能、內容和注意事項。在這個章節中，可獲得下列資訊：

發展目標融入作息參考表

① 表單功能：

透過這張表（表 3-1，3-2，3-8，3-14），讓照顧者能在生活中就促進孩子各領域的能力，而在生活中練習的有幾個優點：習慣後會自然而然每天練習、增加學習的機會、孩子學習後也會自然應用在生活中，展現出獨立性與學習效果（本表僅提供作息活動安排的參考，須依據孩子個別能力調整、安排項目或難度）。

② 內容說明：

本表依據發展里程碑來列出各階段的生活中練習項目，而發展里程碑後都有發展區間，當月尚未熟練該技能，不表示就是遲緩，重點是記得「安排並持續提供孩子練習的機會」，有時候照顧者會不小心幫太多，一來孩子缺乏練習機會，二來孩子會以為這些都是照顧者要做的事，之後要變成孩子做的時候反而覺得困惑而抗拒。

所以當孩子已經有基本能力時，就可以開始帶著他練習新的挑戰。不過，每個孩子狀況不同，目標重點可能也不同，可以依據孩子需要練習的項目來安排作息活動。

③ 練習情境：

　　這張表主要分成五大作息情境：起床 & 睡前、用餐時間、遊戲時間、外出時間、盥洗時間，依據該作息本來就會進行的活動來安排適合孩子的練習項目，難度的掌握很重要，不是愈難愈好喔！當下發現孩子做不到，就先緩緩，想一想怎麼調整簡單一點，讓孩子和我們都先有成功的經驗，再往更難的練習努力。有時候孩子能力出現不穩或感覺退步，不一定是真的能力退步，近期的生活事件、情緒、認知、外在環境因素，都會影響孩子行為，先觀察找出孩子改變的原因是什麼？再依據這些原因去調整引導方式。

寶皇&大人作息表

　　以寶皇的作息時間表提供參考（表 3-3，3-9，3-15），需依個別狀況做調整。和「發展目標融入作息參考表」不同處是：上一張是寫孩子要做的事，這張比較是大人要做的安排，每個家庭的作息和家務略有不同，可依原本作息活動調整或加入任務，當然，要依據個別的生活作息與孩子興趣能力，調整適合的內容！而這張表主要有 3 個功能：

① 照顧者可以參考和提醒要練習的項目。

② 此外也可以讓家人們瞭解要帶孩子練習什麼。

③ 不知道要帶孩子做什麼活動時，可參考這張表列出的活動項目。

玩具選擇建議表

　　根據 4 大領域玩具與活動，包括：感官、精細、粗大、認知語言，選擇適齡的玩具，除了可以了解各階段適合什麼玩具，還介紹日常生活中隨手可取得的物品進行練習，讓你選對又玩對！（請參考表 3-4 ～ 3-7；3-10 ～ 3-13；3-16 ～ 3-19）

每一天都要吃飽、睡足再遊戲

0～6個月主要以生理穩定、觀察反應、簡單動作練習，例如：適當的睡眠清醒週期、足夠的奶量攝取、聽覺和視覺反應正常。白天清醒時間較多時，就可以安排抓握玩具、物品、練習簡單的趴撐、和寶寶講話、觀察寶寶聽覺反應等等。而4～6個月會開始吃副食品，訓練口腔動作與吞嚥能力。

圖表3-1，0～6個月發展目標融入作息參考表

起床 & 睡前時間	● 生活自理： 培養規律的睡眠型態和時間。 定時以紗布巾清潔口腔和牙齦。
用餐時間	● 口功能：吸奶換氣可協調（可適時換奶嘴）。 ● 進食練習：依個別發展，安排練習副食品，慢慢累積以湯匙進食的經驗。
遊戲時間	● 手部：抓握搖鈴或物品、伸手觸摸物品。 ● 粗大動作：依進度引導練習趴撐抬頭、攜抱時頭維持直立、翻身、坐姿等等。
外出時間	● 感官知覺：對光線和聲音變化有反應。 ● 認知語言：會朝發出聲音的方向轉頭。
盥洗時間	● 感官知覺： 對擦臉、洗澡、洗頭等觸覺刺激有適當反應。 對不同觸覺刺激有不同反應。

安全的遊戲區盡情活動與操作

寶寶的粗大動作會大幅發展，可設置安全的爬行區讓寶寶充分運動，並提供適齡玩具增加操作動作。用餐時可開始習慣坐餐椅吃副食品和手指食物，持續促進口功能。此外，也可練習握奶瓶和水杯。外出時，可和寶寶說看到的東西、跟鄰居練習打招呼，促進認知和社會互動能力。

圖表3-2，7～12個月發展目標融入作息參考表

起床 & 睡前時間	● 生活自理：維持規律的睡眠型態和時間。 ● 粗大動作：牽扶手或手肘下，從躺姿到坐起，或從躺姿→側躺→坐姿，再抱起。
用餐時間	● 口功能：練習咀嚼及吞嚥(軟硬＆大小)。 ● 自我餵食：自己拿手指食物吃(大小)、自己握奶瓶、水杯。
遊戲時間	● 手部：操作拍打、敲打、按壓、翻撥玩具 ● 粗大動作：依進度引導練習坐姿平衡、爬行、站立、扶物走等動作
外出時間	● 感官知覺：大人引導下能注視、追視物品。 ● 認知語言：大人向寶寶說所看到的物品。 ● 人際互動：引導下，揮手打招呼、再見。
盥洗時間	● 生活自理：養成定時清潔口腔的習慣。 ● 盥洗能力：練習在澡盆中坐著，配合大人洗澡。

【分享】6～12個月寶皇&媽媽作息表

圖表3-3，6～12個月寶皇與媽媽作息表

時間	內容
早上	✓ 6個月前作息以孩子自主為主，但要留意白天室內勿昏暗，容易昏昏欲睡，白天可開窗簾讓室內明亮。 ✓ 6個月後可以稍微留意白天睡覺和活動時間是否會影響晚上入睡時間，避免4點後小睡，會影響晚上入睡時間。 ✓ 記錄奶量和清醒與睡眠時間。 ✓ 喝完奶休息後到遊戲區進行粗大動作活動，提升清醒度。
午餐	✓ 大人在廚房備餐時，寶皇在廚房門口坐在餐椅上進行靜態活動，如：翻布書、音樂鼓、按鍵玩具、固齒器等，如果他不想操作，可以跟他說媽媽正在做的事，讓他覺得有趣。 ✓ 觀察口腔動作和吞嚥狀況調整食物大小，定期嘗試新食物並觀察過敏反應。 ✓ 吃完坐約半小時再下來（看媽媽收拾、玩玩具），如果當天吃的量少，再補奶給他。
午休	寶皇午睡時，做家務：準備晚餐、洗衣服、掃地拖地等等。
下午	**外出照光**：沒下雨，坐推車散步時引導寶皇去看路上的東西、並告訴他東西名稱；示範與鄰居打招呼；拿包裹、買東西。 **親子遊戲**：按壓小按鍵玩具、讀故事書、敲球檯、球池活動、練習粗大動作等（可參考發展里程碑及0~1玩具選擇建議表）。 ※記得補充水分；依午睡調整時間比例。
晚餐	✓ 大部分同午餐，差別是換爸爸餵食，我在旁邊提供協助或示範，主要是白天1打1較無法好好吃飯，晚餐可以換手一下，避免過度緊繃影響腸胃健康。
晚上	**親子互動**：主要讓爸爸陪伴或三個人一起玩，會跟爸爸說寶皇最近喜歡的玩具或活動，只要是安全合理，不會干涉他們遊戲方式。
盥洗	✓ 一個人幫小孩洗澡，一個人處理家務。

視聽觸感官元素，大操作面的玩具

1 歲以前的寶寶，需要感官刺激，並發展粗大運動，例如：翻身、行走等等重要動作，因此玩具的輔助，除了聲光玩具、觸摸書、樂器之外，寶寶的移動能力與姿勢訓練，也是這個時期的重點。能不能好好坐穩、順利踏出第一步，除了爸爸媽媽的引導之外，玩具也扮演了重要角色，可以成為誘因，也可以成為訓練的工具。

圖表3-4，0～1歲感官發展促進玩具建議表

促進感官發展要素	聽覺	視覺	觸覺
選擇要素	音樂、鈴聲鼓聲、喇叭聲哨音、笛聲、樂器	顏色、燈光圖案、動作	粗糙、光滑堅硬、柔軟濃密、稀疏
玩具建議	**樂器類**搖鈴、鈴鼓沙鈴、喇叭**聲光玩具**聲光鼓、小鋼琴	**圖片類**圖卡、故事書、布書**聲光玩具**會發亮的玩具七彩旋轉球	觸摸書、布偶塑膠球、毛毯
可運用的日常用品或活動	和大人咿呀説話聽廣播、聽音樂下雨聲、電視聲吹風機聲電鈴聲	看廣告紙、傳單包裝袋、或是看不同花色格紋衣服手電筒照光。	不同材質的生活用品皆可，包括：水果、毛巾。

圖表3-5，0～1歲精細動作促進玩具建議表

促進精細動作發展	上肢動作	手指動作
選擇要素	拍打、按壓、敲打、搖晃	可抓握的，不同形狀的
玩具建議	**拍打類** 音樂鼓、大球 **按壓類** 聲光玩具、唧唧叫玩具 **敲打類** 敲鼓、敲球檯 **搖晃類** 搖鈴	搖鈴、小球、玩具槌 布偶、布書、圖卡
可運用的日常用品或活動	洗澡拍打水面、和大人玩擊掌；按壓電燈開關（合理的時機才進行）、搖晃裝豆子的寶特瓶。	米餅、奶瓶、湯匙 毛巾、水杯、水瓢

圖表3-6，0～1歲認知能力促進玩具建議表

促進認知能力發展	因果概念
選擇要素	知道不同玩具有不同效果。
玩具建議	有因果關係的玩具，例如：知道拉繩玩具會被拉動。
可運用的日常用品或活動	利用視線接觸、身體動作、叫聲等要求繼續或重複有趣的東西，如：玩具、唱歌等。

圖表3-7，0～1歲粗大動作促進玩具建議表

促進粗大動作發展	移動能力	姿勢訓練
選擇要素	翻身、爬行、行走。	趴姿、坐姿、站姿。
玩具建議	在安全不易碰傷、不會墜落的支撐面或空間練習，可鋪設地墊、防撞邊條、合格安全圍欄。	安全不易碰傷、不會墜落的支撐面或空間合適餐椅、安全座椅、推車。
可運用的日常用品或活動	大人陪伴下在床面或遊戲墊上進行翻身爬行，行走初期建議不要在太軟的平面上練習，因為較困難。	大人陪伴下在床面或遊戲墊上進行坐姿，站姿初期建議不要在太軟的平面上練習，因為較困難。

除了生理的成長，社交能力也在成長中

吃飯時可練習用適合的餐具吃 1 公分以上的食物和乾飯；換脫衣服時，大人可拉著衣服，請孩子試著自己伸出手腳。外出時，牽扶下讓孩子練習跨門檻、上下階梯，並持續認識看到的東西、練習打招呼等互動能力。外出回來，大人協助脫完鞋後，可讓孩子練習拉脫襪子。

圖表3-8，1~1.5歲發展目標融入作息參考表

起床 & 睡前時間	● 生活自理： 穿脫衣服時，能協助伸出手腳。 能配合進行刷牙。

用餐時間	● 口功能：能吃 1 公分以上的食物和乾飯。 ● 餐具使用：能自己使用湯匙吃一半的量。

遊戲時間	● 手部：操作鑲嵌板、畫圖板、積木等玩具。 ● 認知語言：能指認繪本中的圖片，每週增加至少 3 ～ 5 個；大人示範下，能模仿發音。

外出時間	● 平衡：大人牽扶下，能跨門檻、上下階梯。 ● 認知語言：能指認路上常見到的物品或動物；在提示下，能和鄰居打招呼。

盥洗時間	● 生活自理：穿脫衣服時，能協助伸出手腳；能自行脫下襪子。 ● 盥洗能力：提示下能用水瓢舀水沖洗身體。

【分享】1~1.5歲寶皇&媽媽作息表

圖表3-9，1~1.5歲寶皇與媽媽作息表

時間	內容
早上	✓ 早餐練習吃適量小塊的大人食物（如：吐司、蛋餅等），吸管杯喝溫過奶類/豆漿；水壺裝水放在餐桌上。 ✓ 媽媽運動、寶皇自由遊戲（能獨立操作的活動：按鍵玩具、敲打玩具、球池、聽音樂等）。
午餐	✓ 大人帶著練習用湯匙舀食物進食(完成能做到的量後，可轉餵食)，食物大小隨咀嚼能力慢慢調大(目前1公分以上)。 ※留意營養均衡，參考冰箱上【1～6歲每日飲食營養表】。
下午	**親子遊戲**：操作需要陪伴或剛練習的玩具，如：塗鴉或蓋印章、球類、拼接式玩具、形狀鑲嵌類等。 **外出放電**：到中庭或附近牽手慢慢散步，累了找地方坐著休息，並和寶皇說路上看到的東西名稱；與鄰居打招呼。 ※記得補充水分；寶皇午睡1小時以內、4點後不可睡覺會影響晚上入睡時間。
晚餐	✓ 大人帶著練習用湯匙舀食物進食(完成能做到的量後，可轉餵食)，食物大小隨咀嚼能力慢慢調大(目前1公分以上)。 ※留意營養均衡，參考冰箱上【1～6歲每日飲食營養表】。
晚上	**親子共讀**：由寶皇到書櫃挑選想看的書，主要由大人念給他聽，適當穿插指認/仿音等練習（仿音不需強迫或要求標準，有試著開口發音即可，以增加發聲的頻率和變化為主）。 **親子互動**：躲貓貓／操作玩具／感覺遊戲／球池／塗鴉等。 ※練習大人帶著練習收拾遊戲區的玩具到箱子。
盥洗	✓ 穿脫衣褲時，讓寶皇練習穿入和伸出衣褲的動作。 ✓ 練習扶站著洗澡洗頭，洗頭時教導低頭閉眼等技巧。

挑戰感覺區辨、準確度和物品的概念

超過 1 歲的孩子，在促進感官發展方面，可以開始選擇各類型的音樂了，也可以提供實物模型供孩子視知覺的刺激與發展，觸覺部分可以繼續提供觸覺書，當然亦可以玩神祕箱。這個階段也別忘了讓孩子盡情的畫畫，學習球類運動。

圖表3-10，1～1.5歲感官發展促進玩具建議表

促進感官發展要素	聽覺	視覺	觸覺
選擇要素	聽覺記憶 聽覺區辨	視覺區辨 視覺辨識、物體完形	觸覺區辨
玩具建議	**音樂類** 球池放入玩具尋寶 **聲光玩具類** 動物聲、交通工具聲、情境聲、兒歌	**實物模型或玩具** 水果、汽車、娃娃屋 **圖片** 圖卡、圖書 （1.5歲前照片、之後手繪圖。）	**觸覺書、觸覺玩具** 球池放入玩具專賣 **神秘箱** 放入軟硬 粗滑的物品
可運用的日常用品或活動	與大人模仿擬聲詞 聽廣播、聽音樂 電視聲、電鈴聲 聽下雨聲 吹風機聲	辨識日常用品、穿鞋時請孩子自己找到自己的鞋子、在廣告單中找物品。	感受不同溫度的食物，觸摸不同生活用品，包括：軟硬、乾溼、粗糙或細滑。

圖表3-11，1～1.5歲精細動作促進玩具建議表

促進精細動作要素	肌肉力量	抓放	兩側協調
選擇要素	能執行搬、爬、推堆、丟、拍、撥投、塗的動作。	有連續性準確性設計的玩具。	靠合、換手一手扶物一手操作
玩具建議	**球類** 大球、小球 **敲打類** 敲打台、琴 **手指阻力性玩具** 黏土 **小按鍵玩具** 繪畫板 粗的塗鴉筆	**簡單堆疊類玩具** 積木、樂高、套杯 **對準放物類** 有軌道的球或車 投幣玩具 （1.5歲約能疊3塊） **簡單鑲嵌類玩具** 套圈圈、豆豆板 簡單形狀插棒 形狀盒 形狀鑲嵌版 （練習順序 ○→□→△）	**拼接式玩具** 切切樂、樂高
可運用的日常用品或活動	移動自己的椅子、提袋子、背背包、按泡泡紙、電燈開關(合理時機才進行)開關水壺。	堆疊包裝盒、書本、丟垃圾到垃圾桶、幫忙插吸管。	練習一手扶碗一手吃飯、一手拿袋子一手收東西。

促進粗大動作發展	姿勢平衡	移動能力
選擇要素	坐姿、站姿平衡	能步行的
玩具建議	練習沒有靠背的小凳子、踢球能用腳蹬第讓三輪車前進	學步推車
可運用的日常用品或活動	陪伴下，試著坐較高的椅子，觀察寶寶是否可以維持平衡，也可在廣場或公園踢罐子。	大人牽手步行、陪伴下推適合的椅子、箱子。

圖表3-12，1～1.5歲粗大動作促進玩具建議表

促進認知能力要素	物體恆存	物品功能	因果關係
選擇要素	能引導物品消失處找物品。覆蓋或影藏設計。	熟悉常見物品用途。	知道動作和玩具效果的關聯。
玩具建議	翻翻書、遙控車躲貓貓。	依功能操作各類玩具：按壓、推拉、敲打等等。	操作會彈跳出的玩具，將球放在軌道會滾動。
可運用的日常用品或活動	玩躲貓貓遊戲或三個杯子，一個蓋住物品讓寶寶找出的遊戲。	日常生活用品也可練習，如：知道杯子喝水、湯匙吃飯。	知道某些行為的後果，例如：跌倒受傷要處理。

圖表3-13，1～1.5歲認知能力促進玩具建議表

1.5～2歲作息

讓寶寶做做看，自己吃飯！

1.5~2歲吃飯時間能練習咬斷更大塊食物，讓孩練習用餐具吃大部分，少部分再協助孩子，也可以讓孩子練習捧碗喝湯。換脫衣服時，可在大人協助下，讓孩子練習自己脫衣褲。外出回來，除了脫襪子也可以練習脫鞋子了，然後教孩子將鞋子歸位，養成收拾的習慣。遊戲時間，可以讓孩子嘗試更多元的操作。

圖表3-14，1.5~2歲發展目標融入作息參考表

起床 & 睡前時間	● 生活自理：能配合進行刷牙，抓握牙刷。 ● 生活自理：能自行將被子蓋在肚子上。 ● 寶皇特訓：能減少奶嘴使用，僅睡前安撫。
用餐時間	● 口功能：能自行咬斷較大塊的食物。 ● 餐具使用：用湯匙 / 叉子吃大部分的量。 ● 水杯練習：能自行用杯子 / 碗喝東西。
遊戲時間	● 手部：球類 / 阻力類 / 繪圖類 / 鑲嵌類 / 拼接式 / 　串珠 / 印章 / 貼紙書 / 磁鐵書，收拾玩具。 ● 認知語言：繪本 / 日常 / 遊戲中增加仿說量。
外出時間	● 平衡：踢球 / 上下樓梯 / 跨越檻溝 / 滑步車。 ● 認知語言：仿說路上常見到的物品或動物。 ● 社會互動：能主動和常見面的鄰居打招呼。
盥洗時間	● 生活自理：引導下能有部分脫衣褲的動作，能脫襪 　並放洗衣籃，能脫鞋並放鞋櫃。 ● 盥洗能力：提示下能用肥皂泡塗抹身體。

【範例】1.5~2歲寶皇&媽媽作息表

圖表3-15，1.5～2歲寶皇與媽媽作息表

時間	內容
早上	✓ 早餐跟大人吃同食物練習咬斷，吸管杯喝牛奶或保久乳。 ✓ 媽媽運動、寶皇模仿動作或自由遊戲(能獨立操作的活動：形狀鑲嵌、組合積木、繪畫板、軌道車、遙控車等)。 ※起床後將奶嘴留在小床上，睡覺安撫才吸奶嘴。
午餐	✓ 提升用門牙咬斷食物的頻率，如：啃玉米、雞腿、蔥油餅、水果；用湯匙/叉子吃大部分的量；飯後休息吃水果。 ※留意營養均衡，參考冰箱上【1-6歲每日飲食營養表】。
下午	親子遊戲：操作需要陪伴或剛練習的玩具，如：塗鴉或蓋印章、拼圖、印模按壓黏土、小鑲嵌類(避免放嘴巴要盯著)。 外出放電：到中庭/公園/親子館玩溜滑梯/丟紙飛機/追泡泡/上下樓梯/滑步車/踢球，或到超商買吐司或領包裹。 ※記得補充水分；依午睡調整時間比例。
晚餐	✓ 讓寶皇練習用門牙咬斷食物、食物若要弄小不低於2公分；用湯匙/叉子吃大部分的量；休息後吃水果。 ※留意營養均衡，參考冰箱上【1-6歲每日飲食營養表】。
晚上	親子共讀：寶皇到書櫃挑選想看的書，大人念給他聽，適當穿插指認/仿說/簡單問句/結合生活事件等。 親子互動：扮家家酒/躲貓貓/操作玩具/感覺遊戲/球池等。 ※洗澡前要確實收拾遊戲區的玩具。
盥洗	✓ 協助練習部份脫衣褲動作，並將衣物放洗衣籃。 ✓ 練習用肥皂泡塗抹身體，用水瓢沖洗身體。

配對分類遊戲，玩出聰明力

接近 2 歲的寶寶，各方面的發展都有了一定的程度，可以唱出一小段的兒歌，也可以玩分類的遊戲，精細動作的表現也更好了，因此可以提供黏土或拼接類玩具，如：拼圖、樂高、雪花片，或是利用家裡現有的素材進行黏貼遊戲，都很適合這個階段的小朋友。

圖表3-16，1.5～2歲感官發展促進玩具建議表

促進感官發展要素	聽覺	視覺	觸覺
選擇要素	聽覺記憶 聽覺辨識	視覺辨識 部分與整體關係	觸覺敏銳 觸覺辨識
玩具建議	**聲光玩具** 動物聲、交通工具聲、情境聲、兒歌（要能唱出片段）	**圖片** 圖卡、圖書 （1.5歲後手繪圖） **分類活動** 各類玩具，能把相同物品分在一起，如：車子分一堆、積木分一堆	**神秘箱** 放入軟硬、粗滑等物品，能辨別指定的觸覺。 **球池** 指定物品的尋寶。
可運用的日常用品或活動	能聽大人指令做動作，如：給爸爸。聽廣播、聽音樂、能指認發出聲音的日常用品，如：電話、門鈴或電視。	在相片中找到自己和熟悉的家人，或辨別自己的生活用品。 **收拾** 將玩具收到玩具箱，垃圾丟到垃圾桶。	提供不同大小軟硬的食物並能辨別。觸摸不同生活用品並正確反應，如碰冰塊會馬上反應。

促進精細動作要素	肌肉力量	抓放	兩側協調
選擇要素	能執行搬、爬推、堆、丟、拍搗、投塗的動作。	有連續性準確性設計的玩具	靠合、換手一手扶物一手操作
玩具建議	**球類** 大球、小球 **敲打類** 敲打台、敲打琴 **手指阻力性玩具** 黏土 小按鍵玩具 繪畫板 粗的塗鴉筆	**堆疊套接類玩具** 積木、樂高、套杯 （2歲約能疊6塊） **小鑲嵌類玩具** 0.3cm豆豆板 形狀插棒、鑲嵌版 片狀投幣 蓋印章在大範圍內 (2歲至少要會2個形狀)	**拼接式玩具** 切切樂、樂高 雪花片 **串珠遊戲** 3公分以上大串珠 至少能串一個 （2歲時）
可運用的日常用品或活動	移動自己的椅子、提袋子、背背包、按泡泡紙、按壓開關(合理時機)、一起提垃圾去丟。	開關常見的包裝盒(紙盒、碗蓋、水壺)投幣(視狀況允許)	打開常見的包裝紙，一手拿袋子一手收東西

圖表3-17，1.5～2歲精細動作促進玩具建議表

212

圖表3-18，1.5～2歲粗大動作促進玩具建議表

促進粗大動作發展	姿勢平衡	移動能力
選擇要素	坐姿、踢球	步行控制方向、平衡
玩具建議	坐沒有靠背的小凳子、球類用腳蹬地讓三輪車前進	**拔河遊戲** 能做出踏步往某個方向維持平衡
可運用的日常用品或活動	坐較高的椅子，寶寶是否可以維持平衡、廣場或公園踢球、罐子。	行進時，能跟著大人轉彎不會跌倒，遇到家具、路邊設施能控制方向避開。

圖表3-19，1.5～2歲認知能力促進玩具建議表

促進認知能力要素	物體概念	空間概念	顏色概念
選擇要素	物品的位置記憶	練習物與物空間詞	引起顏色興趣與繪畫經驗
玩具建議	**黏貼書或磁鐵書** 能接物件貼到適當的位置	**拼圖** 尺寸大、片數2片 （2歲）	**塗色** 手指畫、蠟筆 水彩
可運用的日常用品或活動	大人請孩子到放置處拿取熟悉的物品，如：準備外出時，請寶寶拿購物袋，寶寶能記得購物袋位置並拿取。	能到玩具箱、櫃拿自己想要的玩具。大人提供包含空間詞的指示，讓孩子去執行，如：將玩具放到玩具箱裡。	給孩子物品或玩具時，說出該物品顏色，讓他熟悉。也可進行紙箱、浴室牆面塗鴉。

Chapter

04

常見問題
Q&A總整理

睡眠、副食品、如廁、動作發展，
所有疑問一次解決

☐ 寶寶太晚睡怎麼調整？

☐ 幾歲開始戒尿布？

☐ 寶寶不張嘴，怎麼餵副食品？

☐ 戒掉奶瓶其實有策略！

☐ 親子共讀該怎麼做？

睡眠

 睡眠對孩子的重要性是什麼？

 睡眠有助於身體和大腦發育和成長。得到充分睡眠的大腦，注意力與專心程度都會比較好，較能記住學到的東西，更能解決問題並思考新的想法。對身體來說，肌肉、骨骼和皮膚能夠藉此修復、生長，也可以保持免疫力喔！此外，睡眠也會影響注意力、行為和情緒，因此對寶寶來說，睡眠是很重要的。

 帶寶寶出去玩或去公婆家回來後，作息就亂掉了，怎麼調整回原本的作息？

 出去玩和去公婆家因為行程、環境和刺激不同，寶寶難免會出現作息亂掉的狀況，不過，一般回到家回到原來在家的作息，通常幾天就能調回來了。就像大人在假日時，作息跟上班日可能不一樣，但上班後就會讓自己調回來一樣。

但如果每次回來都調整得非常痛苦，想要做一些預防，我們可掌握規律作息的 2 個重點：「吃」和「睡」來著手。例如：出遊時，用餐時間的安排不要跟原本作息差距太多，保持作息中「吃」的規律，如果小孩因為外出比較累，出現平常沒有的小睡，要是擔心他睡太多影響晚上睡眠，可以留意時間叫醒他。若晚上可能認床睡不著，也可以帶著孩子平時睡覺

的物品、枕頭或小被子，來幫助孩子入睡。

另外，在公婆家預防作息亂掉，也有 **3** 個小技巧：

1. 控制白天小睡時間

告知長輩幾點之後不要讓孩子睡，以及如果在傍晚睡會有什麼影響？例如：小孩 4 點前可以小睡，4 點後睡覺，晚上就會 12 點才睡覺，這樣會影響生長、長不高喔！長輩也許不在意晚睡，但通常會在意小孩生長，用長輩也在意的點去溝通，配合度會比較好。

2. 告訴公婆可以帶孩子做什麼活動？

可以跟長輩說明有運動會比較好睡，運動對孩子生長也有幫助，告知孩子現在可以做到的活動，例如：阿孫會爬行囉！可以讓阿孫爬，不用一直抱著他。

3. 約定好吃飯時間、建議的零食

告訴長輩：孩子正餐喜歡吃什麼，準備孩子喜歡吃的食物，這樣餵食比較容易成功，就不會因為正餐不吃，而一直給零食。以及，明確告知吃飯前多久吃零食，正餐就會吃不好，例如：如果是晚上 6 點吃飯，3 點前可以吃點心和水果，下午 3 點後不要吃，因為這樣孩子肚子裡的食物來不及消化，6 點就不會餓，正餐就會吃不下，這樣營養不均衡會影響生長喔！

相較於完全禁止零食點心，提供一個給與不給的時間和適合的點心，通常長輩對於後者較能接受，而當長輩體驗到孩子因為有控制零食，正餐有吃比較多後，自然就會更遵守這個時間點。

副食品

 剛開始嘗試，要怎樣才算可以開始將副食品作為正餐呢？要怎麼抓寶寶要吃多少才能吃飽的量呢？

 其實寶寶吃飯有很多不同理論可參考，沒有對錯，但要選擇適合自己孩子的方式，我提供我的方式給大家參考。1歲前，餵食副食品的重點放在「味覺經驗」和「口腔動作練習」，所以吃飽不是主要目標。

那麼要吃多少呢？可觀察以下項目。第一個是寶寶不想吃的時候會有拒絕的動作和反應，這時候就會結束餵食，並記住這次的量，再來觀察吃完後會不會不舒服或溢出，如果有溢出，下次就減少量，最後觀察排便，如果有便祕狀況，也會調整食物的量（例如：發現這次的胡蘿蔔消化得不好，就會先減量，有可能是這批胡蘿蔔纖維較多）；如果寶寶不吃副食品但仍有餓的反應，就會餵奶（可能當天的菜色不愛，不吃不代表吃飽了），有時候太餓，急著要吃飽，也會吃得不順、急著要喝奶，我就不會在哭鬧的狀態下繼續餵食，因為這樣很容易嗆到，就會讓寶寶喝奶，可是之後就會抓時間，不會在他太餓時才開始吃副食品。1歲前奶還是主要熱量來源約占70%。隨著練習，1歲後食物會變成正餐，奶變成副食。

我兒很愛抓匙自己吃，有時候還會抓碗就口，眼明手快的功力比媽咪還強，讓媽咪我真不知道該怎麼辦？

 防不勝防，只能鍛鍊自己的反應了！不過要是真的很愛抓匙自己吃，可以在其他時間讓他拿著米餅吃，滿足他自己餵食的欲望，如果時間允許，也可以帶著他拿湯匙送嘴巴！

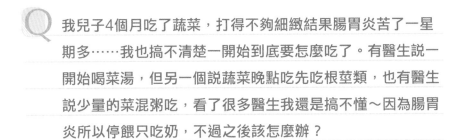 我兒子4個月吃了蔬菜，打得不夠細緻結果腸胃炎苦了一星期多……我也搞不清楚一開始到底要怎麼吃了。有醫生說一開始喝菜湯，但另一個說蔬菜晚點吃先吃根莖類，也有醫生說少量的菜混粥吃，看了很多醫生我還是搞不懂～因為腸胃炎所以停餵只吃奶，不過之後該怎麼辦？

 副食品門派有很多，要觀察寶寶適合什麼方式。蔬菜打泥有時仍有粗纖維，不易消化可再過篩。但腸胃炎的原因很多，除了遵照醫囑，也可以回到少量添加並觀察餵食後的反應，通常纖維細少的比較好消化。若像這樣有消化的疑慮，食物種類就要單純，比較好觀察消化狀況（包含觀察排便），不好消化的食物，可能就要量少或更換成類似營養素的食物。

 可以等6個月後再開始餵副食品嗎？

 副食品大概 4 ～ 6 個月餵食都可，主要看寶寶是否準備好了。如果觀察到他看到你吃，嘴巴一副很想吃的樣子，就是可以準備吃副食品囉！詳見 P.74，副食品準備大小事。

寶寶兩個差4歲，現在推出的副食品方式卻完全不一樣，感覺好累喔～尤其跟長輩溝通更困難。

 養小孩的方式一直有新的研究和建議！我也認同資訊太多確實較難判斷要相信哪個，所以最重要還是爸爸媽媽要觀察自己寶寶的反應，讓寶寶有不同的嘗試！而長輩通常以方便他們為主，只要不是誇張到有安全衛生疑慮就好！

 請問嘗試副食品是寶寶在哭肚子餓時餵嗎？

 我的經驗是不能太餓的時候餵，已經餓哭的寶寶會覺得用「吃」的，很慢才會飽，反而會哭更兇、急著想吃飽，因為他覺得本來喝奶比較快飽，所以要預估一下寶寶肚子餓的時間，有餓但在哭之前餵會比較順利喔！

 到底該給寶寶吃什麼？

 右頁1歲前副食品菜單，可以給毫無頭緒的爸爸媽媽當作參考，可將「1歲前副食品參考菜單」貼在冰箱上提醒各階段要準備的食材。粗體的項目是提醒在各階段記得要準備給寶寶吃的重點食物！（如：蛋黃，蛋白）還有好準備的項目也粗體！（如：南瓜）不過仍要注意，副食品應依寶寶的個別差異與需求來餵食。

圖表4-1，1歲前副食品參考菜單

	前期 4～6個月	中期 7～9個月	後期 10～12個月
份量	約30～80公克	約70～120公克	約100～150公克
質地	流質、**泥狀**	半流質、**碎末狀** 軟質如豆腐一般	半固體 **小丁狀0.5公分** 軟質如香蕉一般
奶類 **蛋白質** 鈣質	母奶／配方奶 仍要充分地餵	母奶／配方奶 占70%熱量來源	母奶／配方奶
全穀雜糧類 醣類 部分蛋白質	米糊 （10倍水並壓碎） **白米**、胚芽米 **番薯、馬鈴薯** 燕麥、**南瓜**	粥（5倍水） 白米、胚芽米 糙米、**馬鈴薯** 番薯、燕麥、南瓜	稀飯（3倍水） 白米、胚芽米 糙米、馬鈴薯 番薯、燕麥 南瓜、**玉米、吐司**
蔬菜類 維生素 礦物質 纖維	**胡蘿蔔、小黃瓜** **地瓜葉**、高麗菜 青江菜、綠花椰菜	**菠菜、青江菜** **洋蔥**、胡蘿蔔 小黃瓜、地瓜葉 高麗菜、綠花椰菜	**冬瓜、白蘿蔔** 菇類、胡蘿蔔 菠菜、小黃瓜 洋蔥、地瓜葉 南瓜、高麗菜 青江菜、綠花椰菜
水果類 維生素 礦物質 醣類	**蘋果**、梨子、**香蕉**	**葡萄、木瓜** 柳丁、橘子 蘋果、梨子 香蕉	**草莓、鳳梨**、葡萄 **木瓜**、柳丁、橘子 蘋果、水梨、香蕉
蛋豆魚肉類 蛋白質		**蛋黃、雞胸肉** **豆腐、豬瘦肉** 豌豆、牛瘦肉	**白肉魚**（鱈魚、黃 魚）、**蛋白**、蝦肉 蟹肉、雞胸肉 豬／牛瘦肉、豌豆 豆腐、蛋黃

請問一次的副食品是能夠吃組合的食材嗎？如：粥+菜+肉

 是的，逐漸增加至每天各類都有一項，但不是混在一起打，是個別分開打泥，分開餵食，這樣可以認識每樣菜的味道和顏色，不同食物需要的口腔處理程度也不一樣，練習階段建議分開吃喔！吃完休息一下，再吃水果類。

 請問一開始吃副食品時就有吃果泥嗎？還是要等大一點再吃比較好？

 先吃米糊較不會過敏，並同時讓寶寶熟悉用湯匙吃食物，再加入蔬菜類，然後再吃水果泥！（水果酵素較多）（P.221表格左方的排序也有玄機喔！請照順序由上往下增加！）

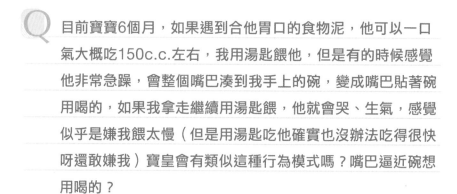 目前寶寶6個月，如果遇到合他胃口的食物泥，他可以一口氣大概吃150c.c.左右，我用湯匙餵他，但是有的時候感覺他非常急躁，會整個嘴巴湊到我手上的碗，變成嘴巴貼著碗用喝的，如果我拿走繼續用湯匙餵，他就會哭、生氣，感覺似乎是嫌我餵太慢（但是用湯匙吃他確實也沒辦法吃得很快呀還敢嫌我）寶皇會有類似這種行為模式嗎？嘴巴逼近碗想用喝的？

 寶皇有時候太餓也會很急著要吃，就像媽媽講的他會想湊近，我會試著餵快一點（還是要注意吞的狀況），下次就會抓時間不要在他太餓的時候餵，就不會吃得那麼急。

Q 我現在每一種蔬菜根莖類都是分開打成泥先吃,沒問題才會混搭其他的根莖水果類,最多到3種混合,但是不一定會加入白粥這樣OK嗎?還是不管什麼類型的水果蔬菜基底都會用白粥嗎?

A 各種食材沒有加白粥一起打,都是分開沒有混合,保留食物原來的味道,讓寶寶認識各種食物的味道和顏色以及樣子!這樣也好觀察他對不同食物的味道有沒有不同反應,發展味覺辨識能力。

Q 請問副食品過敏狀況中,看到有一項是打噴嚏。我是過敏媽媽,我都有給寶寶吃一些些易敏食物,觀察她有沒有過敏。其他反應都沒有,但她偶爾會打噴嚏,都是連續2、3個。要怎麼樣才知道到底是不是食物過敏呢?

A 食物過敏通常在 2 ~ 24 個小時內會產生反應,所以可以看看過敏的時機點是否有高度相關,不過若要確定,還是要由醫師來判斷,我們只能留意!或者可以觀察出每次吃哪樣食物都會打噴嚏。

Q 4~6個月是指小孩滿4個月還是第4個月呢?

A 都是指寶寶月齡,所以 4 ~ 6 個月是指寶寶滿 4 個月開始初期的副食品!不過,要看寶寶是否適合 4 個月開始吃,可參考 P.74,副食品準備大小事。

我的寶寶現在是6m15d，副食品1天1餐約50ml 不含水果，大約都在中午給食，想請教您：1.水果要在哪個時段給比較好?2.副食品要在喝奶前還是後比較好（全親餵母乳）?3.一天的份量有含水果嗎?

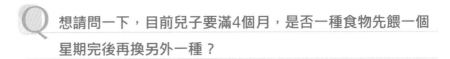 1.諮詢過營養師關於水果於餐前餐後吃的問題，營養師表示看個人習慣和腸胃能不能接受。寶皇愛吃水果，所以我當做增強物，鼓勵他認真吃飯，吃完飯後休息一下給他吃，目前沒有腸胃不適的狀況，如果有出現腸胃不適可能要諮詢醫師和營養師獲得個別化建議。2.副食品不要在太餓的時候餵（掌握有點餓又不會太餓的感覺，所以母奶也不能喝到飽），基本上胃排空約需3小時，用餐前3小時我會避免給其他食物，以免影響正餐食欲。3.一天的份量有包含水果！以上提供媽咪參考，還是要依據寶寶的反應來調整喔！

 想請問一下，目前兒子要滿4個月，是否一種食物先餵一個星期完後再換另外一種？

可以唷！剛開始學習吃的時候，先練習吃「米糊」讓寶寶知道要吃湯匙裡的東西後並觀察反應，之後再開始加入蔬菜類（照P.221表格左方的由上至下順序：奶類→全穀雜糧類→蔬菜類→水果類→蛋豆魚肉類），寶皇前面約一星期都是吃米糊練習吞嚥動作，差不多熟悉後，每3天加1種新的食物。建議食物不要混合，保留原來的味道讓寶寶認識各種食物的味道和顏色！也可觀察對不同食物的反應。

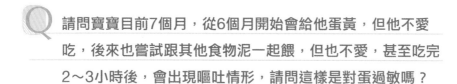

請問寶寶目前7個月，從6個月開始會給他蛋黃，但他不愛吃，後來也嘗試跟其他食物泥一起餵，但也不愛，甚至吃完2～3小時後，會出現嘔吐情形，請問這樣是對蛋過敏嗎？

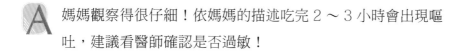

媽媽觀察得很仔細！依媽媽的描述吃完 2 ～ 3 小時會出現嘔吐，建議看醫師確認是否過敏！

請問我女兒目前剛滿7個月，我想讓她開始嘗試吃肉類，我平時在家都是用電鍋蒸，我可以先用瓦斯爐汆燙排骨，再去骨將肉剁碎後，連同骨頭跟肉還有米一起蒸嗎？還是有更好的建議呢？

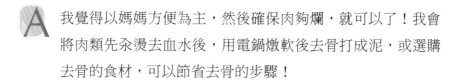

我覺得以媽媽方便為主，然後確保肉夠爛，就可以了！我會將肉類先汆燙去血水後，用電鍋燉軟後去骨打成泥，或選購去骨的食材，可以節省去骨的步驟！

我們家老大吃的方式原本跟表格很像，但他現在4歲半，卻偏食得很，而且也會過敏。老二很早就開始什麼都吃，現在11個月，連一般海鮮也都吃得很好，只是從原本泥狀（4個月）改為塊狀（7～8個月），而且也沒過敏。

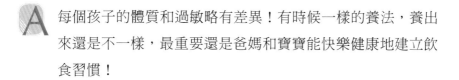

每個孩子的體質和過敏略有差異！有時候一樣的養法，養出來還是不一樣，最重要還是爸媽和寶寶能快樂健康地建立飲食習慣！

如廁訓練

 小孩幾歲適合開始練習如廁（戒尿布）呢？

 戒尿布前，孩子要先能「如廁前表達」（已經尿尿便便了，孩子能察覺並試著告訴大人，包括肢體動作的表達方式，如：拍尿布），所以可等這能力出現後，再開始如廁訓練，依據發展里程碑，約 2 歲前會發展出如廁前表達（若孩子語言表達發展較慢，則再評估訓練的時機）。

但如果孩子願意嘗試配合、不會抗拒坐馬桶，也可先讓孩子體驗坐在馬桶上的感覺，目的不在於要成功尿尿或便便，而是熟悉坐馬桶的感覺，如：洗澡前坐一下馬桶。坐馬桶需要一些器材準備，寶寶比較不會因為不穩而害怕，尤其是個性比較謹慎、擔心跌倒的孩子，坐馬桶跌入或不穩的感覺，都會可能會影響或抗拒再次練習。

一般 2～3 歲間有發展出到馬桶如廁的行為，都算正常發展進度，有些語言發展較快且願意配合的孩子，可能就會更早戒掉，還是要依孩子狀況來安排如廁訓練。另外，如廁能力不是單指不穿尿布，還包括：知道自己要尿尿了要忍住、移動到廁所、穿脫褲子、到馬桶上再尿出等等獨立完成的能力。所以，如果聽到滿月就在練習戒尿布，以培養獨立如廁能力的觀點，其實意義並不大。

如廁能力有發展順序嗎？

 訓練如廁可以參考下表的順序，不過因為孩子能力與生活經驗不同，所以學習區間較大，但要記得適時提供孩子練習機會，避免錯過孩子學習的敏感期。

圖表4-2，如廁能力的參考發展里程碑

年齡	如廁能力發展
1～2歲	能表示已尿尿或便便（如廁後表達）。
2～3歲	能主動表達如廁的需要（如廁前表達）。 能坐在馬桶上如廁。 懂得站著小便（男）。 如廁後會沖馬桶。
3～4歲	小便後能自行用衛生紙清潔。 如廁後會洗手+將手擦乾 / 烘乾。
5歲	大便後會用衛生紙擦拭。

 如何練習如廁的表達？

 可在換尿布時就開始說「如廁表達的詞彙」給孩子聽，如：換尿布洗屁股時，跟孩子說：「尿尿了」、「便便了」，讓孩子多聽多熟悉這些詞彙，都會產生聽覺記憶（將詞彙和活動做連結），再進一步去練習使用這些詞彙來表達自己的需求。寶寶在口語尚未熟練前，會使用表情、聲音、肢體動作來表達，如：拍尿布，這些也算是如廁的表達喔！

練習如廁前，要準備什麼呢？

 一般我們可以做以下 2 種準備：

1. 學習褲／褲型尿布／小內褲

　　與黏貼式尿布穿法不同，學習褲和褲型尿布穿脫方式同小內褲，讓孩子同時能練習自己穿脫褲子（建議外褲也穿鬆緊帶款），以達到完整練習如廁步驟，初期在練習時也比較能掌握時機。時機指的是當孩子表達想要尿尿時，大人能及時帶到馬桶上，讓孩子成功尿在馬桶裡。而孩子一開始的表達，都是已經快要尿出來了，如果是穿脫一般尿布，則孩子可能會來不及到馬桶，就尿在尿布裡。

　　學習褲和褲型尿布的差別是：學習褲大約能吸收 1～2 泡尿，視尿量也可能會濕到外面的褲子或椅子，一開始需要準備多件來替換和清洗；褲型尿布則吸收力較好較不會外漏。另外，學習褲因為吸收量有限，較能察覺到尿濕不舒服，提高孩子尿濕的表達機率，或因為不喜歡濕濕的而增加去馬桶尿尿的動機，但如果孩子對尿濕的觸感不在意，這部分可能就不會有明顯差異。

　　家長可以視狀況選擇使用哪一個方式。例如：對尿濕很在意的孩子，用學習褲可以提升如廁的動機；如果是要外出、孩子仍較頻繁會尿在尿布、尿在馬桶成功率較低、清洗晾乾不易，則可選擇褲型尿布。若方便每天清洗和更換學習褲，直接用學習褲也可以。

2. 馬桶坐墊＋腳踏凳

　　一般馬桶座墊尺寸是適合大人臀部的，孩子的臀部較小，會有掉入馬桶內的感覺，不穩的不安全感增加，這時可準備兒童馬桶坐

墊放在一般馬桶上，兩側有無把手皆可，沒有把手，扶在馬桶座墊上也可；一般馬桶座高也是大人小腿尺寸，小孩的腳會懸空，也會增加不穩的不安全感，排便也會不好使力，所以建議放置適合高度的小凳子，讓孩子腳可以踏著支撐。

初期的練習，大人可以拿一張凳子坐在孩子前方陪伴鼓勵孩子，坐下來視線高度與孩子較接近，孩子會覺得比較親切有支持，大人的腰也比較不會受傷。

 雖然已經開始訓練，但小孩還是很少在馬桶上尿出，還有什麼技巧嗎？

 可以試試看下列提高如廁成功的 5 個技巧：

1. 適當的進水量

孩子有適當的進水量才有適當的排尿次數，才有機會練習如廁。進水量不單指喝水，不愛喝水的孩子，除了使用增加喝水量的技巧，同時也可透過含水量較高飲食來補充水分，例如：湯、奶、水果、稀飯、瓜類等。

2. 模擬示範

要記得孩子對新事物仍沒有概念，需要透過大人或同儕示範、教學、說明，才會學習了解這件事要怎麼做，尤其是要從既有模式轉換到新的模式（尿布→馬桶），孩子需要更多時間去適應和接受（從很方便隨意→要定點要忍住），孩子也會覺得為什麼原本可以尿在尿布，現在要用馬桶呢？為什麼不能尿在尿布了呢？

如廁較不方便由大人直接示範，因有隱私的考量，所以我們可以用繪本或扮家家酒的模型來示範說明如廁的步驟，讓孩子先大概了解整個流程，有心理準備較不會因為未知感而害怕抗拒，或不知道自己現在要做些什麼動作。

3. 觀察孩子排尿時間點

初期需要大人觀察孩子尿尿的時間、大約隔多久尿布會濕，找一個比較容易成功的時間開始固定練習，例如：午餐有喝湯後，過了 20 分鐘尿布就會濕，那就要在尿下去之前帶孩子去馬桶。如果孩子已經會表達，但需要詢問下才會表達，就要記得定時詢問孩子需不需要上廁所，以免玩到捨不得離開活動，或忘記要去廁所就尿在尿布上。

綜合帶學生和寶皇的經驗是，會先從半天定時帶去廁所，然後再擴增到整天，例如：起床到午睡前這半天，每個小時都定時帶去如廁，午睡後到準備晚餐的時間先不練習。如果孩子尿的間隔比較短，上課或遊戲中途會尿尿，會視課程內容請副教老師帶去如廁（在家就是先中斷活動，請孩子尿尿後再回來玩），若是課程／活動不適合中斷，則會視情況使用尿布，例如：去上親子館活動，擔心中間來不及尿尿而尿濕，就會穿尿布，回家再練習，視情況保持彈性，避免因為尿濕影響孩子參與課程，但下課轉換時間會再帶去練習。要是孩子在活動中自己突然表達要上廁所，我們會掌握這個動機，讓孩子離開活動去上廁所，回饋給孩子表達後就去上廁所的連結，增強這個模式；要是孩子有表達但常常沒帶去，孩子則會覺得去馬桶如廁這件事也不是必要的。

4. 受到鼓勵的孩子愈能有自信練習

一開始練習，孩子難免會失誤，大人儘量以提醒的方式來提高成功率（定時告訴或帶孩子去如廁），然後觀察孩子失誤的原因，以便提醒孩子和自己下次可以留意。在能力尚不穩定或還在練習時，經常被責備的孩子會慢慢失去信心與成就感，會聯想到挫折與壓力，而拒絕或情緒不安。

如果孩子還沒準備好要開始練習，可以重回模擬示範，從書籍或扮演的方式讓孩子持續熟悉了解如廁，讓孩子再多些時間做準備；若孩子已能表達自己的想法，可以和孩子聊聊他的感受與困難，或從孩子在扮演活動中操作玩偶，觀察投射行為（如：跟他玩扮家家酒的遊戲，中間包含上廁所，觀察孩子扮演上廁所的反應，通常孩子會用自身經驗和想法來演繹扮演的人偶）。

5. 慢慢加入完整的如廁流程

願意坐上馬桶是第一步，要孩子能真正獨立如廁，尚包括：衣褲穿脫整理、使用衛生紙、擦拭、沖馬桶、洗手等等，部分流程的動作可先在其他活動做練習，之後再類化於如廁的流程中，會更容易達到完全的獨立。

以上幾點初步的練習方向與發展概念提供給大家，最重要的是大人與孩子都準備好、保持愉快的心來練習新的技能，觀察並給予孩子時間，就會慢慢增加成功率了！

水杯練習

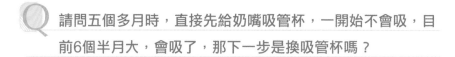

Q 請問五個多月時,直接先給奶嘴吸管杯,一開始不會吸,目前6個半月大,會吸了,那下一步是換吸管杯嗎?

A 是的,確定都不會哽嗆,就可以嘗試吸管杯囉!不過換杯子之後也要持續留意是否會哽嗆!

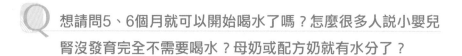

Q 想請問5、6個月就可以開始喝水了嗎?怎麼很多人說小嬰兒腎沒發育完全不需要喝水?母奶或配方奶就有水分了?

A 水杯練習也可以裝奶或其他流質副食品喔!而且,1歲前的水杯練習主要是口功能,不著重水量,1歲前寶寶如果奶和副食品的水分攝取足夠,則不需特別補充水分(依體重計算,可參考 P.95～96 表 2-27),如果水分有攝取不足要留意奶和副食品的量,此外夏天流汗或有便祕,是可以多補充 50c.c. 左右的水分!水分攝取 ≠ 喝水,水分攝取泛指從食物、流質、奶、湯、水果等獲取的水分;此外,一出生寶寶的腎臟就有功能,只是此時功能大約是成人的 1/4,且通常奶量正常的話,水分也足夠了,所以不需要額外喝水,以免水分攝取過量造成水中毒,而開始吃副食品後,奶量會慢慢減少,就要特別留意水分攝取是否足夠。

抿嘴杯是什麼？我們現在還在用吸管杯，正在讓她嘗試自己拿杯子喝。

 在市面上，抿嘴杯常標示為 360 度水杯，以發展和訓練的角度來看，這個水杯的特色是協助練習「抿杯緣」和「控制水量」，如果寶寶從吸管杯換到杯子練習得很順利，就不需用到抿嘴杯！如果寶寶不知道怎麼做抿杯緣的動作，如：用張開嘴將水倒入嘴巴，然後怎麼示範引導，都難以讓孩子理解抿的動作，這時就可試試看用抿嘴杯來引導孩子做出抿杯緣的動作。

 如果寶寶用青蛙杯喝水，之前還會吸得進去，最近怎麼吸就故意吐出來，該怎麼辦？

 可以參考以下 3 個方式

① 如果寶寶開始玩，不是在喝水，可以跟寶寶說：「不想喝了給媽媽，我們收拾水杯。」

② 收拾起來，可能會面對寶寶產生情緒，這時候可以跟寶寶解釋水杯不是玩的，要是你想玩，我們可以去遊戲區找玩具。讓寶寶了解因果關係，以及水杯是用來喝水的。

③ 然後安排適當的情境滿足他對水的好奇，洗澡就會準備適當的器具，像是水瓢，滿足他對水的好奇

動作發展

 如何判斷寶寶的發展狀況呢？

 我們可以參考兒童健康手冊中的「兒童發展連續圖」的時程，以及本書 Chapter 02 中所列出的發展區間，來觀察寶寶的發展進度。

如果是早產兒，在 3 歲前請使用「矯正年齡」來評估各項發展、生長曲線、副食品添加等。3 歲後，改用實際年齡。但打預防針時，都是使用實際年齡喔！如果忘記預產期，也可以用「實際年齡」扣掉「提早的週數」，算出矯正年齡。

圖表4-3，早產兒矯正年齡計算表

實際年齡算法			矯正年齡算法		
現在日期	8月	1日	現在日期	8月	1日
－出生日期	5月	1日	－預產日期	7月	1日
	3月	0日		1月	0日

1. 使用兒童健康手冊中的「兒童發展連續圖」來觀察

這張表列出各階段的重要發展項目，讓我們了解大多數的孩子在各月齡時會出現什麼能力，例如：我們想知道大部分的孩子什麼時候能坐穩，就可以查這張表。我們會查到 6～7 個月的項目是「不需扶持可以坐穩」，表示有 50% 的孩子在 6～7 個月時會坐穩，

這邊要留意是 50% 而不是全部的孩子都在這個月學會，因為發展本來就會有快有慢，影響的因素有很多，例如：遺傳、環境、學習等等。所以，該月份還沒有學會的話，都還有時間可以繼續練習，不是當月沒有發展出來就是發展遲緩。發展遲緩的認定，需要更多的生長資料收集、綜合家長和專業人員的觀察評估，才能有比較確切的答案。

2. 使用每個月的「參考發展里程碑表格」來觀察

每個項目後面會標註〔X ～ XM〕的參考發展區間，也就是平均會在什麼時候發展出該技能，爸媽就可以適時安排該項目的練習機會與環境。已達到就可以在前方打勾，如果有練習的狀態、超過該區間還未發展出來，就會建議請專業人員評估原因、提供協助。

♥ 感官知覺	對發聲玩具有興趣[0～6M]
🦵 粗大動作	能自己翻身[5～8M]
👆 精細動作	手能伸向物品[3～6M]
🔊 認知領域	哭鬧時，會因媽媽的撫聲而停哭[4～6M]
🗨 語言能力	自己玩聲音[4～5M]
👍 生活自理	很少無理由的哭鬧，能自我安撫[0～6M]
😊 社會適應	看他時，會回看你的眼睛[5～7M]

最後，再次說明發展里程碑的月齡區間是統計出來的，不同的統計資料略有差異，但大致上有相似的發展脈絡，讓我們可以預期孩子這個階段要學些什麼、接下來會發展什麼，以提供適當的帶領練習和環境準備。所以知道孩子目前會的項目，然後往下一個項目練習，才是發展觀察最重要的目的。

如果孩子一直沒有學會，什麼時候要開始留意呢？

 技能最慢什麼時候要發展出來，可以參考 2 個資料：兒童發展手冊中，兒童發展連續圖的「警訊時程」。以及本書 Chapter02 各項目後面所列的「參考發展區間」。警訊時程為 90% 的孩子在那個月已學會那個技能，例如：「不需扶持可以坐穩」的警訊時程是 8 個月，表示 90% 的孩子在 8 個月大時能坐穩，若超過超過 8 個月還無法坐穩，就要尋求早期療育相關專業評估，同理，超過發展區間也是相同的概念。

有些項目沒有列警訊時程，原則上，年齡愈小，能夠容忍的落差愈小，在 1 歲前的項目最多慢 2 個月，例如：1 個月可以頭稍微抬離床面，如果到了 3 個月還未出現過抬頭的動作，就要提高警覺了。

 懷疑孩子發展遲緩，該怎麼做呢？什麼情況下需要請醫師幫忙確認？

 家長擔心寶寶發展慢了，有 2 種常見情況：

1. 寶寶當月的項目尚未發展出來

前面的項目都有發展出來，而且還沒超出發展區間，這樣還在學習範圍內，可以先在日常中增加練習機會、觀察寶寶喜好來增加練習動機、或者學習更多技巧來帶領寶寶，如果寶寶因此有慢慢地進步，雖然沒有超過發展區間，繼續保持練習與觀察就可以了。

2. 已經超過發展區間還沒有發展出來

這就需要請專業人員協助評估，並提供帶領練習的安排與建議。通常年幼的孩子神經系統可塑性比較大，假如有發展遲緩現象，能及早接受早期療育，效果會比較好！

然後，決定尋求專業評估前，可以先寫下或錄影目前的發展表現或有疑慮的狀況，評估時提供給專業人員參考，因為寶寶可能因為處於陌生環境而沒有當場表現出來，或家長因為緊張忘了要問什麼，這時候準備的資料，就可以派上用場囉！

 0～1歲寶寶的動作發展有哪些重點？爸爸媽媽在家可以怎麼帶領？

 一開始爸媽要先上手的不是發展促進，而是先熟悉寶寶的飲食和睡眠，生理穩定的寶寶才能有精神體力來學習。然後，就可以照著「參考發展里程碑」的進度，幫寶寶安排練習。

圖表4-4， 0～1歲動作發展參考表

	3～4月	4～5月	6～7月	7～8月	9～10月	11～12月
粗大動作	趴撐抬頭	翻身	坐	爬	站	走
精細動作	抓握反射消失	伸手	換手	雙手拿	拍手	撿小物

1. 先確認寶寶目前會的項目在哪個月齡

已經會的項目可以圈起來或打勾，所謂「會」是指有 8 成可以做到，例如：10 次翻身中有 8 次可以翻過去，若少於 8 成，表示

可以繼續練習到能力熟練。若當月的能力已經穩定，也可以往下一個發展項目邁進，所以練習項目是依據寶寶個別進度來安排喔！

2. 提供練習環境與機會

如果環境安排適當，一般孩子就會主動發展出動作技能，不見得都需要大人教或帶才能學會，例如：3個月的寶寶會出現趴撐抬頭的動作，是為了要看更多環境中的物品，所以我們可以順著寶寶的動機，用寶寶有興趣的東西，引導視線來做出抬頭的動作。我們可以在寶寶喝完奶、不會吐奶且清醒時，將寶寶擺成趴姿，一開始可能會臉側著貼著床面，還沒有抬頭，所以我們要用他喜歡的玩具或圖片，吸引寶寶的視線到抬頭的姿勢。

首先，將物品放在寶寶視線前方，確認寶寶看到後，再移動物品位置，到變成正中抬頭的姿勢，抬頭的幅度3個月約可以抬45度，6個月約90度，爸爸媽媽可以留意一下物品的位置，是從低開始，然後慢慢調高物品的位置，才不會一下子太難、太累喔！

 趴撐姿勢一次大概要維持多久呢？

 首先，我們要先觀察寶寶目前可以撐的秒數，建議是像前面提到的，有東西吸引寶寶的情況下去觀察秒數，會比較準確。然後知道現在可以撐的秒數後，下一次鼓勵寶寶多撐幾秒，可以用玩具或互動吸引寶寶撐久一點，每次有多撐幾秒，慢慢就會愈來愈有力氣。活動可以重複練習，但如果寶寶出現疲勞反應就要休息囉！例如：打呵欠、很吃力、想哭等等，爸爸媽媽在練習的時候可以留意一下。

翻身有什麼技巧呢？

 寶寶約 5 個月大會翻身，可能因為想拿身旁物品，而從正躺翻至側躺，所以可透過物品的位置來引導寶寶翻身。假如寶寶不知道要怎麼翻身，爸媽可帶領寶寶手腳或骨盆的動作，讓寶寶學習和記憶翻身動作。翻身可奠定軀幹、手、腳的肌肉力量與動作計畫能力，有助於下階段「坐姿」的穩定。可參考 P65，翻身練習技巧。

 練習坐姿有什麼技巧？

 大約 6 ～ 7 個月時，寶寶頭、頸、軀幹比較有力後，就可以嘗試在安全的地方練習坐，一開始練習可能需要支撐，例如：大人在寶寶後方稍微扶著，或者找一個角落放軟墊，讓寶寶往後倒的時候有點支撐，同時教導寶寶用手撐地維持坐姿的技巧。

寶寶一開始可能沒有特別出力挺直，而有點駝背，或者是因為玩具放在地面，視線的關係，讓寶寶呈現低頭駝背。所以在練坐的時候，玩具或圖片要放在寶寶視線的高度，吸引寶寶抬頭挺背去看物品。

一開始寶寶可能也會倒，爸爸媽媽可以稍微扶著，鼓勵寶寶出力把身體拉正，將身體回正也是很重要的練習喔！可參考 P.71，坐姿練習技巧。

練習爬行有什麼技巧？

 爬行是為了靠近目標物所做出的移動動作，寶寶會嘗試移動身體來靠近物品或人，所以我們在給寶寶玩具時，可以稍微有點距離或者是用會移動的玩具，鼓勵寶寶去靠近物品。如果東西都是交到寶寶手上，不需要爬就可以拿到東西，那爬的機會就會降低，因此給玩具的位置是很重要的，可以引導寶寶做出不同動作！另外，也可能遇到寶寶對爬行拿東西沒興趣，但喜歡大人抱抱，這時候就可以用抱抱來鼓勵寶寶爬行，寶寶想抱抱的時候，不要直接過去抱起他，可以有一段距離，鼓勵寶寶爬過來抱抱，來增加爬行的動機。可參考P.79，爬行練習，為後續動作打基礎。

 練習放手走有什麼技巧呢？

 放手走之前，會先放手站，表示寶寶已經有基本的平衡能力，所以可以先確認寶寶放手站的狀況，如果還不會放手站，那就先練習。然後放手走前也要先從牽雙手走、牽一手走開始練習，慢慢減少牽扶協助平衡的程度，讓寶寶練習自己平衡，一直到可以放手自己走。有些寶寶比較謹慎，有時候會因為有跌倒太痛了，之後變得害怕練習放手走，所以可以留意環境防撞的準備，例如：防撞墊、墊上的玩具先收拾、家具轉角貼防撞等，可以比較安心做練習。可參考 P121，放手走的前備技能與練習技巧。

Q 那我們精細動作的部分可以怎麼練習？

A 精細動作跟物品操作息息相關，所以我們可以準備適齡的玩具，來增加寶寶手部的動作和發展。我們分 2 個階段來說明，分別是 0 ～ 6 個月和 6 ～ 12 個月。

0 ～ 6 個月階段，主要發展「伸手」、「抓握搖動」和「手口協調」。可準備手搖鈴、沙鈴、健力架、懸吊的玩具等等來誘發這些動作。手口協調的部分，一開始可以提供比較容易抓握的棒狀米餅、固齒器讓寶寶練習，若觀察到寶寶在吃手，這也是練習手口協調的表現。

6 ～ 12 個月，會發展出更多手部動作，例如：「拍打」、「敲打」、「按壓」、「翻撥」和「前三指的抓握」，一樣可以準備適合的玩具來促進寶寶手部動作發展，例如：拍打大鼓面的音樂鼓、敲打敲球檯或音樂琴、翻撥布書或厚頁書、按壓大按鍵的玩具等。

記得一開始要選擇較大操作面或大按鍵的玩具，這樣寶寶比較好操作，之後再慢慢換成比較小的操作面。布書可選擇包含不同感官要素的觸覺書，例如：響紙、震動、固齒器、按壓逼逼叫、安全鏡子等等，讓寶寶除了動作發展也可以有多元的感官經驗。

戒奶嘴

 為何需要戒奶嘴的原因？

 了解戒奶嘴的原因，有助於我們掌握戒奶嘴的適當時機，以及透過吸奶嘴可能造成的問題，來堅定戒奶嘴的計劃並與孩子說明。同時，曼曼老師整理了科學研究結果，如果遇到家人觀念不同，也可以透過這些實證資料來向家人說明，減少因觀念不同而造成戒奶嘴立場不一致，孩子也會覺得困惑。

1. 牙齒變形

吸奶嘴所造成的牙齒變形，有 2 種常見狀況：「前牙開咬」和「後牙錯咬」。

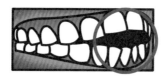
前牙開咬

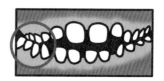
後牙錯咬

前牙開咬指的是咬合時，上下門牙無法碰在一起，呈現開放的狀態，看起來很像咬著隱形的奶嘴。

各國研究非營養性吸吮，如：吸奶嘴和前牙開咬的患病率，在 9 個研究都顯示：有吸奶嘴的兒童前牙開咬的發生率遠大於沒有吸。而台灣地區研究顯示「咬合狀況」和「口腔習癖」對日後恆齒列咬合、顎顏面生長皆有所影響，導致開咬的顯著因素為 3 歲以上仍有吸奶嘴或吸手指習慣者。另一方面，進食時因為前牙開咬，會導致

法用門牙咬斷食物，增加進食的難度或必須以代償的動作完成，例如：需要用舌頭幫助弄斷食物。

後牙錯咬指的是咬合時，上下的後牙一個在外側，一個在內側，咬合面錯開了，可能是局部／單側／雙側，造成的影響嚴重與明顯程度不一。進食時，可能影響咀嚼的效率，而且對牙齒與顎骨的生長與發育有長期的影響。

圖表4-5，吸奶嘴與前牙開咬發生率的各國研究統計

年份	國家	人數	年齡	前牙開咬(%)	
				有吸	沒吸
1976	丹麥	310	3	66.5	10.56
1993	芬蘭	1018	3	83.8	5.1
1997	沙烏地阿拉伯	583	3-5	14.9	3.58
1999	芬蘭	148	3	60	7.6
2004	義大利	1099	3-5	17	4
2005	巴西	330	4-6	78	8.2
2008	巴西	287	4-6	79	6.9
2011	巴西	1308	2.5-5	68.1	8
2011	瑞典	457	3	63	1

2. 增加中耳炎機率

吸奶嘴還會增加鼻咽分泌物進入中耳的可能性，例如：普通感冒時，病原體經由耳咽管更容易進入中耳。

3. 影響語言發展機會

如果整天吸著奶嘴，會降低開口說話的頻率，加上前面提到的前牙開咬，上下牙齒無法貼合，也可能影響發音準確度（構音異常的一種），像是舌尖前音如：ㄗ、ㄘ、ㄙ。不過因為發音牽涉到唇、齒、舌、顎、咽，不一定是牙齒問題，要是有構音異常的疑慮請尋求語言治療師評估。

所以，吸奶嘴吸超過3歲，可能會讓牙齒歪掉，且通常不可逆，另外也可能影響中耳炎機率、進食狀況、語言練習等等方面，所以我們要適時地協助孩子戒奶嘴。

 什麼時候要戒奶嘴？

 根據研究資料，一般會建議在2～3歲前戒掉奶嘴，因為3歲前吸奶嘴對牙齒造成的影響大部分還有機會自然恢復，這階段不一定會發現牙齒歪斜，但如果牙齒已經歪了，就是時候開始戒奶嘴了（半年定期牙醫檢查時，可請牙醫師一同確認）。

3歲後持續吸奶嘴，咬合不正的可能性大增，造成的牙齒歪斜較不會自然恢復，因而造成長期的影響，如果要矯正，將是一筆花費。

雖然有些孩子吃到超過3歲也沒有造成牙齒歪斜，但不代表每個孩子都是這樣喔！吸奶嘴是否造成牙齒影響也跟吸奶嘴持續的時間、強度、頻率相關。

戒奶嘴有什麼方法？

 常見的方式如：讓奶嘴直接消失、奶嘴破了扔掉、塗抹厭惡味道、行為改變技術等等，今天我們主要介紹用行為改變技術來戒奶嘴的方法，優點是對孩子情緒發展影響較小，需要爸媽和孩子一起，缺點是較耗時。以下為 5 個認知行為策略：

圖表4-6，戒奶嘴的5個策略

策略	說明
1.認知行為	和孩子討論吸奶嘴引起的問題，有時這一點足以讓孩子停止吸奶嘴。
2.增強法	當孩子沒有吸奶嘴時 → 給予稱讚或獎勵(正增強)。 當孩子吸奶嘴時 → 停止愉快的活動(削弱)。
3.替代行為	將原本的安撫行為替代成另一個適當行為。
4.自我指導	用孩子能理解的詞彙，設計指導語，當想要吸奶嘴的時候，用指導語來提醒。
5.獎勵制度	孩子在指定的時間段內不吸奶嘴 → 即可獲得獎勵。

 想請問寶皇成功戒奶嘴，是否有什麼計畫？

 依據上述提到的方法，我幫寶皇擬定了 3 階段計劃，以下是實際執行的過程：

1. 減少吸奶嘴頻率

首先，寶皇原本吸奶嘴的頻率是：晚上睡覺前會吸奶嘴＋安撫

娃娃來讓自己睡著（不須大人安撫）。如果睡著拔掉後，半夜通常會醒來哭著找奶嘴，有時候大人需要起床幫忙找奶嘴，吸了奶嘴就會再安撫入睡。白天偶爾心情不好時，會要求要吸奶嘴，不同照顧者有些會給奶嘴、有些不給奶嘴。

圖表4-7，漸進式戒奶嘴參考目標

短期目標 (1.5歲)
- 清醒時不吸奶嘴，僅睡覺吸
- 照顧者間維持一致性

▶

中期目標 (1.5～2歲)
- 僅晚上睡前吸
- 入睡後移除放旁邊

▶

長期目標 (2～3歲)
- 完全不吸奶嘴

2. 使用增強法

依照這個目標，寶皇大約 1.5 歲開始減少吸奶嘴頻率，白天清醒時不吸奶嘴，並請家人們一起遵守這個原則，並向寶皇說明：「現在只有睡覺才吸奶嘴。」如果他要求吸奶嘴，我就會說：「那你要睡覺嗎？這樣不能繼續玩喔！」起初他會點頭表示他要睡覺，但如果吸了奶嘴躺著沒睡著，他就會爬起來要玩，我就會跟他說：「你要起來玩，就沒有奶嘴。」他會因為想玩就把奶嘴給我（提出一個比奶嘴更有趣的活動，才會有效果）。

3. 轉移注意力

幾次之後，寶皇就知道他要真的睡覺再要奶嘴才有意義，玩跟奶嘴是不會並存的，而且玩比較有趣，然後我們也可以透過一些活

動安排，讓孩子將注意力放在活動上，減少想起奶嘴的頻率。要是不知道該階段孩子適合玩什麼，可以參考 Chapter 03 玩具選擇建議表、作息安排表。

4. 維持一致性

　　隊友比較好維持一致性，去爺爺奶奶家時，長輩可能比較會順著孫子，我會準備好他喜歡的玩具，請公公婆婆遇到要奶嘴時，先試試看：拿出玩具，問他要不要玩？要玩就不吸奶嘴；我也會再跟寶皇說明：在爺爺奶奶家也一樣，睡覺再吸奶嘴，但我不會硬性規定長輩要百分之百做到。不過，寶皇是我們自己帶，爺奶家只是偶爾作客，對我們影響較小，總之一致性愈高愈好，一致性如果不同，會影響行為改變的效果。

5. 預告說明我們要做的事

　　寶皇在滿 2 歲生日後就開始執行最終計畫！首先，我開始跟他說明「奶嘴對牙齒造成的壞處」，我是用因果關係讓他自己去發現。寶皇牙齒有時會卡肉或菜，他不喜歡牙齒卡東西的感覺，會馬上要求要弄掉，我就會藉機跟他討論：

　　曼曼：「你牙齒是不是卡肉肉？」

　　寶皇會點點頭說：「卡。」

　　曼曼：「卡肉肉不舒服？」寶皇皺眉點點頭，繼續指著牙線棒。

　　曼曼：「牙齒歪歪就容易卡肉肉，吃嘴嘴會讓牙齒歪歪喔!!!」

　　寶皇眼神凝重地看著我繼續點頭，繼續指著牙線棒。

　　曼曼：「所以，我們以後不要再吃嘴嘴了，才不會牙齒歪歪卡
　　　　　　肉肉喔！」

然後我會在刷牙和牙齒卡東西的時候給他看牙齒，重複這段話，讓他了解因果關係：

吃嘴嘴→牙齒歪歪→卡東西→不舒服

讓他了解吃嘴嘴可能造成後續不舒服，所以我們才不吃嘴嘴。讓他感受到：不吃嘴嘴是為了健康，而不是爸爸媽媽不給我吃了！

在說明完，並說出不再吃嘴嘴這件事後，就真的開始不再給奶嘴了，如果中途因為小孩要而給他，小孩就會覺得他要了還是有機會，有可能變相讓他以為：只要持續要就會拿到，反而變得更堅持。

6. 提供取代物

同時，雖然撤除奶嘴這個安撫物，但要增強寶皇使用另一個安撫物「大象布偶」的作用，奶嘴和大象布偶都是從小陪伴寶皇入睡的安撫物，他會抱著摸大象布偶讓自己睡著，我會跟他說：「大象還是會陪你一起睡覺喔！沒有奶嘴，你還是可以睡著的，你可以的！」來增強他信心，並讓他把注意力放在這個安撫物上面。

7. 提供引導、安撫、支持

開始執行的第一週，寶皇每天睡覺前都會問：「嘴嘴？」我就重複之前的對話，引導他思考，然後濃縮成一句提醒：「吃嘴嘴會牙齒歪歪卡東西，所以我們不吃嘴嘴了，知道嗎？」他就會點點頭躺下睡覺，摸他的大象布偶。雖然前幾天會翻來翻去或半夜醒來（視情況我會拍拍安撫），但隨著時間過去，這些狀況都會慢慢改善，第 2 週只有 3 天有問，第 3 週只問了 1 次，第 4 週都沒問，戒奶嘴滿 1 個月，不吃奶嘴已成為自然狀況，成功戒除奶嘴囉！

親子共讀

 親子共讀可以促進孩子哪些發展？

 親子共讀主要目的為增加孩子「口語表達」，其他還有提升專注力、閱讀時間、詞彙發展、故事理解認識文字能力。過程中，大人從說故事者轉變為聽眾、提問者，讓孩子愈積極參與、學得愈多。

 親子共讀有什麼技巧嗎？

 以下技巧適用大部分兒童書籍，尤其圖片情節豐富的繪本。首先，可先從「輕鬆愉快的氣氛」、「讓孩子思考」、「提供示範」這 3 個基本原則開始。

1. 輕鬆愉快的氣氛

大人提供必要的協助，如：依據幼兒能力來調整詞彙、增加趣味性（如：玩小遊戲）與留意幼兒興趣，順著孩子的興趣進行閱讀。當遇到較深的字詞和意涵等，成人可以簡化，以配合幼兒的層次。

2. 讓孩子思考

不急著告訴孩子答案，給予充裕的時間，讓孩子去思考，等待孩子回應。

3. 提供示範

提供良好的示範，並且使用比孩子程度再高一點的語言，依照孩子的狀況逐漸提高詞彙的難度。

 不同年齡帶的方式有不同嗎？

 0～2歲的共讀重點：增加詞彙理解的量。

這個階段大人唸故事先以「名詞」、「擬聲詞」為強調和重複重點，然後隨著孩子的理解加入「動詞」、「形容詞」等等，讓孩子理解的句子長度愈來愈長。所以同一本書，可以重複地唸，每一次學習的重點可能都不一樣，提供孩子多一點訊息或新的詞彙、形容詞變換。

接著是如何在過程中和孩子對話，促進孩子思考回應的策略。0～2歲的孩子主要是聆聽者，藉由大人重複述說故事，來記憶並認得內容；而認知理解力發展較快的孩子，可以嘗試指認或回應簡單的問題。一般要2歲以上比較能夠以口語回應問題，所以如果孩子能指認或回答簡單問題，可參考右頁的引導範例。

2～3歲共讀重點：增加口語表達技巧、詞彙量的引導技巧。

與孩子一起看車輛的繪本，大人指著書本上的消防車詢問孩子：「這是什麼？」孩子回應：「車。」大人回饋：「對！這是一輛紅色的消防車，你說說看『消防車』。」孩子仿說：「消防車。」再重複問一次：「這是什麼？」孩子回應：「消防車」。上述看似簡單的對話，帶其實過程中運用了4種技巧，如右表：

圖表4-8，4個親子共讀的引導重點

4種技巧	大人要做的事	對孩子的幫助
誘發語言	透過「問問題」或說「故事情節」，誘發孩子說出書本的內容。 例如：指著書本上的消防車詢問孩子：「這是什麼？」孩子回應：「車。」	✓ 集中注意力 ✓ 增加詞彙量 ✓ 增加孩子參與度 ✓ 幫助孩子理解故事
評估孩子所說	評估孩子的回答是否正確，給予回饋／鼓勵／修正，你可以再加入什麼詞彙讓孩子學習。 例如：孩子回應車，大人說：「對！」	✓ 了解孩子目前認知語言的能力 ✓ 提供語言擴充的方向
擴增	將孩子的回應調整措辭、增加資訊。 例如：大人說：「這是一輛紅色的消防車。」	✓ 增加詞彙量 ✓ 讓孩子說出比原本多一些的新詞彙
重複	鼓勵孩子複述剛剛擴增的語句，確認孩子已學習到新的詞彙。 例如：大人說：「你能說一次『消防車』嗎？」	✓ 鼓勵孩子使用詞彙

如果孩子對看書沒興趣怎麼辦？

 有 5 個策略可以試試看：

1. 可以先觀察孩子目前對什麼事物有興趣

用孩子有興趣的元素結合閱讀，增加接觸書本的機會。例如：孩子喜歡大象，我們可以先找有大象的繪本，然後跟孩子說：我們一起來找大象在哪裡？找到大象後可以描述大象目前的情節。

2. 確認書本圖片是孩子看得懂的

依據發展，1.5 歲前的孩子比較看得懂實物照片，1.5 歲後進一步能理解手繪的圖片，所以對於較小的孩子，如果是太抽象的圖片，孩子可能因為看不懂而離開活動，轉而去找其他活動。

3. 適齡的閱讀難度

2 歲前的孩子大多都是聽大人唸，還無法自己看，大人在唸的時候不一定要照著繪本上的文字，可以看著圖講孩子能理解的內容即可。

4. 操作書

可以選擇有翻頁、拉頁、按鍵等等設計的操作書，引發孩子閱讀動機。

5. 先動態再靜態活動

靜態活動前可先進行動態活動，先滿足孩子動的需求後，再進

行靜態操作或閱讀，會比較進入狀況；如果會被環境其他物品吸引，可以在閱讀前先將分心物收到箱子中；初期也可以使用有桌板的餐椅，讓孩子習慣靜下來閱讀，一開始不用坐太久，以鼓勵下可繼續坐為基本時間單位（例如：2分鐘），之後隨著習慣建立再慢慢增加時間，以及轉換到一般的書桌椅。

 請問1y8m的孩子，不管給他書還是玩具都會被他破壞，拿到衛生紙、書就撕，玩具就拆解，愈禁止愈想去破壞，拿到手的東西就不會給任何人，我該怎麼引導他比較好？

 可以先釐清孩子是因為好奇拆解，還是不了解物品正確的操作方式？可從是否會正確操作物品來判斷，如果他其實會正確操作，但現階段喜歡拆解，可以提供他能拆解組合的玩具，如：積木、螺絲玩具等。要是有明確跟他說過物品不可以破壞，孩子還是執意破壞，基於愛惜的觀念與規則，1歲8個月的孩子已經可以加入獎懲的規定了，有正確操作物品可以讚美和鼓勵他，若提醒後還是破壞，可能會暫時不能玩，要坐著反省、或者玩具會被沒收1個禮拜（也可避免玩具持續被破壞）。

讓孩子暫時只能玩不會被破壞的玩具，沒收那幾天不斷提醒事情的因果關係，例如：為什麼被沒收了？怎麼樣才不會被沒收？玩具應該要怎麼玩？以上是可以思考觀察的方向，還有賴媽媽進一步觀察。

Chapter

05

育兒懶人包

最重要的寶寶大小事，都幫你整理好了！

□ 新生兒用品準備懶人包

□ 安全座椅款式懶人包

□ 爬行墊材質分析懶人包

□ 寶寶餐具挑選懶人包

□ 選鞋懶人包

各式懶人包，都幫你準備好了

要為孩子準備的東西，其實不少，還要根據各生長的階段調整，除了買尿布、衣服之外，更有許多物品需要採買。對第一次當爸爸媽媽的人來説，光是照顧小孩就已經非常疲累了，還要研究汽車座椅、地墊、餐具等等，偶爾也會心有餘而力不足呢！現在，曼曼老師都先幫忙整理好了，希望能提供一些幫助喔！

新生兒用品該怎麼準備

家有新成員報到，要準備多少東西才夠？這些大大小小的問題，幫你整理好了：新生兒用品參考懶人包，讓爸媽輕鬆準備：

圖表5-1，新生兒用品參考懶人包

	用品	數量	確認	經驗心得
衣物用品	紗、棉布衣	6件		因新生兒頸部軟軟，不建議先穿套頭的款式。
	棉褲	3件		太熱時不用穿褲褲。
	外出包巾	2條		薄和厚各一條，出院的時候會用到。
	紙尿布	1袋		視新生兒體型購買適合的尺寸，我們是先從NB用了3袋（可以留意各藥局的寶寶禮，我們免費換了1袋），滿月後換S尺寸的尿布。
	小衣架	數個		曬小衣物很好用。
	多夾子曬襪架	1個		曬紗布巾、曬小衣物很好用。
	兒童衣櫥	1個		我們是買透明抽屜櫃，依月齡擺放衣物，抽屜櫃可以自由堆疊加層。

圖表5-1，新生兒用品參考懶人包（續）

	用品	數量	確認	經驗心得
哺乳用品	奶瓶	6支		寬口的優點是，舀奶粉較不會弄得瓶口都是，清洗時刷子易進出！窄瓶則大多可以裝在擠乳器上。奶瓶的容量可以選大一點，以免奶量提升，一下就不夠用了。 各家廠商的奶嘴洞略有不同，洞太小則小孩喝很久，太大又易嗆到。
	安撫奶嘴	1個		吸奶嘴有安撫、預防嬰兒猝死症的優點，但不是每個寶寶都接受，或也有嬰兒會挑奶嘴喔！奶嘴很容易掉，建議搭配安全的奶嘴鍊。
	奶瓶消毒鍋	1個		消毒、烘乾功能都有的比較方便！
	奶瓶奶嘴刷	1副		大和小各一。
	奶粉攜帶盒	1個		參加媽媽教室通常也可獲得。
	奶粉	1罐		餵母乳可不準備，若要精打細算可先去了解「開罐價」。
	吸奶器	1個		保存母乳可能會使用到，但初期擠母乳建議先不要用擠奶器，詳情請洽專業人士。
家居用品	嬰兒床	1張		寶寶睡自己的床比較安全，較不建議和大人同床，有時候大人一個翻身或是棉被一不小心，就有可能就壓到寶寶了。
	床組	1組		有簡配和全配，如果怕弄髒要及時更換可以準備2套。
	床墊	1個		不宜過於柔軟，建議有孔洞。
	防溼尿墊、床包	2塊		為了避免尿濕滲到床墊，這個很重要！
	嬰兒監測器	1台		防心安的配備，有螢幕的比較實用，離開房間可以監看影像和聲音，視需要購買。

	用品	數量	確認	經驗心得
清潔用品	浴盆	1個		若要使用浴盆用浴網／架，要確認是否適用。
	浴盆用浴網／架	1個		寶寶可以躺在浴網／架上，新手爸媽比較不會手忙腳亂。
	浴巾	2條		擦乾身體用，尺寸大一點比較好使用，也有像圍裙形式的浴巾
	紗布巾	10條		可擦汗、圍兜、洗澡都可使用。
	嬰兒洗髮精	1瓶		
	嬰兒香皂	1塊		
	濕紙巾	1包		我們便便都用洗的，所以濕紙巾用量很少。
	護膚霜	1條		預防紅屁屁使用（又稱屁屁膏），如果皮膚屬於不易紅，可不使用。
	棉花棒	1盒		清潔肚臍等，視需要購買。
	嬰兒指甲剪	1個		寶寶專用、用後清洗乾淨。
	衣物清潔劑	1個		我們是用手工肥皂直接搓洗擰乾就曬，寶寶衣物很小很輕，換下來就直接洗，此外紗布巾也是髒了直接搓洗就曬。值得注意的是，有沾到奶最好當天就洗！
外出用品	汽車安全座椅	1個		務必選擇檢驗合格並符合寶寶使用的汽車安全座椅，詳情請見P259，汽車座椅選購與法規懶人包。
	背帶	1個		新生兒頸部較柔軟，有分新生兒可使用的款式（橫抱式）。
	手推車	1台		外出時會使用。
	媽媽包	1個		外出時放寶寶用品。

汽車安全座椅選購與法規懶人包

　　兒童乘坐適合的安全座椅，能將車禍時受重傷或死亡的風險降低 70%，而且，實驗證明沒有乘坐安全座椅由大人抱著時，以 10 公斤幼童為例，若車速 40 公里，並被正面撞擊，因慣性定律作用，瞬間會產生約體重 30 倍的前衝的力量，也就是 10×30=300 公斤的往前衝力量，再強壯的人也抱不住。孩子會瞬間脫離大人，撞上擋風玻璃或被拋出車外，而且兒童沒有乘坐安全座椅，發生車禍的死亡率是乘坐者的 8 倍。但是據統計，有 82% 的兒童保護裝置安裝方式是不正確的，這可能導致車禍時兒童的嚴重創傷或死亡。

　　為了讓孩子也能安全坐車，所以要準備一個適合孩子的汽車安全座椅，我們先從了解基本的規定、種類、注意事項，以及四種常見的汽車安全座椅的特色（內容並非涵蓋所有汽座商品）開始，以下資訊幫助大家在選購時有個方向：

兒童汽車安全座椅選購要點

① 查看是否有「商品檢驗合格」標示檢附說明書資料。
　　不論在哪個賣場或通路購買，都一定要確認是否有檢驗合格標示，以及完整的說明書才能購買。
② 選擇適合兒童體型、年齡的汽座。
　　按照年齡或身高體重選擇，不能妥協。

1 相關法規

　　須使用適合的汽車安全座椅，若違反下述規定，將處 1,500 ～ 6,000 元罰鍰。

年齡和體重	規定
1歲以下或體重未達10公斤	出生6個月內的嬰兒，頭部和頸部脆弱，必須使用「平躺式」的車用嬰兒座椅，並放置在車輛「後座」。
1～4歲且體重在10～18公斤	坐在車輛「後座」之兒童用座椅，每個安全椅以乘坐1位幼童為限，以維護兒童乘車安全。
4～12歲或體重在18～36公斤	以安全帶不會「勒」到脖子為主，應該坐在車輛「後座」並妥適使用安全帶。 ▶ 若安全帶會勒到脖子，則應使用「學童用座椅」再繫上安全帶，以保障兒童乘車安全。 ▶ 安全帶不會勒到脖子，應該坐在車輛後座並妥適使用安全帶。

2 座椅本體是否有商品安全標章

依據法令規定，必須都要通過標準檢驗局「車用兒童保護裝置」標準。而且應選擇貼有經過經濟部標準檢驗局「商品檢驗合格」標示的產品。這個標示代表此產品形式經標準檢驗局或其委託之檢測機構測試合格，符合 CNS11497 之國家標準。

3 配件調整性

圖表5-3，汽座配件調整性參考

椅背高度	椅背高度須比幼童背部高，最好能試坐或是高度在57公分高以上，才能保護頭部和頸部。
頭部護墊	座椅是否有保護頭部的護墊。
肩帶調整	肩帶是否可隨兒童成長調整高低。
可拆洗性	椅墊或椅面布料最好選擇「可拆式」，以便於拆卸清洗。

汽車安全座椅的注意事項

① 需依照「使用說明書」安裝，以免遺漏某個重要步驟。

② 安裝完後應實際操作 1 次，並左右上下用力搖晃，看看是否穩固，一般來說左右位移應不超過 1 吋（約 2 指寬度）。

③ 汽座一定要安裝在後座，絕對避免貪圖一時照顧方便，將座椅放在前座。因為發生的衝撞時，前座安全氣囊的強大爆發力會將安全椅向後推擠，可能導致兒童嚴重的頭部外傷甚至死亡。

④ 注意兒童身上綁的安全帶有沒有扭轉翻面的情形，有沒有固定在兒童肩膀位置。若是使用側斜式安全帶，要確定是橫過肩膀及胸前，而不是繞過頸部。

⑤ 兒童保護裝置即使空置於車輛座椅上，仍應以車輛安全帶確實固定，避免撞擊時衝出，傷及車內乘客。

⑥ 緊急情況下可能會造成兒童安全座椅之安全帶鬆脫，建議當發生緊急煞車或擦撞等情況，請再次檢查安全座椅及其安全帶是否鬆脫，並重新整理釦好。

常見汽車安全座椅分析

　　以下分析 4 種常見款式的特色，提供選購時參考，並非包括所有市面上款式喔！選購時有 3 個重點：「適用年齡」、「適用體重」、「安裝固定方式」，前兩個會影響的是成長過程中會要買幾個汽座，如果你想買一個可以用比較久的就要留意「適用年齡與體重」的範圍要廣和「可多向」的功能。另外，也要先了解汽車是否有 ISOFIX 系統？是否可加裝？還是只有安全帶？如果汽座是以 ISOFIX 安裝，則汽車需要有 ISOFIX 系統才行。

	提籃型	平躺型	雙向成長型	學童用座椅
圖示				
座椅方向	座椅橫向安裝使幼兒脊椎與後座平行	提供3個方向3階段選擇：橫向、後向、前向	座椅可面向前方或後方（較小面向後方）	座椅面向前方
設計特色	有提把，可以拿下車當提籃使用，或選配專屬推車，方便外出使用。適用體重範圍較小，超過體重範圍或太緊繃就要換汽座。	可調角度、可旋轉式座椅，可依據不同階段調整方向，也有方便上下車的特點。搭配有成長型椅墊，隨身高體重拆卸。	座椅角度可調整，成長型一般會有兩層椅墊，隨著體型拆掉內層，肩帶位置則有多孔洞可隨身高調整高度。	一般常見兩種形式：單獨坐墊、坐墊+椅背。依據CNS標準，只能適用於體重介於15～36公斤，並確認安全帶不會勒到脖子。
適用年齡	0～1歲	0～4歲	0～4歲 0～7歲 1～11歲 3～11歲等	4歲以上
適用體重	新生～13公斤	新生～18 公斤	後向：0～10公斤 前向：10公斤以上	15～36公斤

我們的選擇考量重點分享：

- 依據規定4歲或體重18公斤以上，使用後座安全帶不會勒到脖子時，就可以坐後座了，所以優先考慮買「適用年齡：出生至4歲左右，適用體重至少到18公斤」的款式。
- 基本要可前後向安裝、座椅角度可調整。
- 方便拆洗。
- 在皆檢驗合格下，選擇價格可節省預算的商品。
- 色彩偏好。

爬行墊挑選懶人包

爬行墊可以說是寶寶成長過程中的必需品之一了。不過材質和款式真的讓人眼花撩亂，到底該買拼接的地墊，還是整片的？材質方面，是不是沒有氣味就可以了呢？還要考量家中空間的大小，厚的好，還是薄的好呢？曼曼老師都幫你整理好了，請爸爸媽媽參考以下資訊。

款式的選擇

有整片式和拼接式 2 種。整片式爬行墊因無拼接而不會有散開的疑慮，無接縫也較不會卡髒汙，如：寶寶尿在上面，不會滲入接縫進入地板，清潔方便。若選拼接式，建議選大塊的減少縫隙。

材質首選無毒環保

市面上的地墊材質大概有 PU、XPE、EPE、EVA 與 PVC 幾種。PVC 本身無毒，但溫度超過 60 度就會釋放有毒物質，使用

上要小心。所有材質中，屬 EVA 材質的 CP 值較高，不過要仔細確認是否為優良廠商，才能買到安心的產品。此外，同時兼顧環保和 CP 值的可選 EPE 材質，如果有充足的預算，XPE 算是耐用又環保的優先選擇喔！各材質的細部比較，可參考下表。

圖表5-5，爬行墊材質分析表

	PVC聚氯乙烯	PU聚氨基甲酸酯簡稱聚氨酯
材質說明	● PVC本身無毒，但溫度超過60度會釋放氯乙烯（有毒） ● 依產品所需柔軟度，添加不同含量的塑化劑 ● PVC（+覆膜／直接印刷）	● 本身無毒 ● 表皮PU +內層EPE ● 有些商品會用PVC作表皮
形式	整體式、摺疊式	整體式、摺疊式、拼接式
$	較高	較高
耐用度	優質的可以用10年以上　勝	PU乳膠皮會隨著時間慢慢剝落，高濕度的環境會加速裂化
氣味	有氣味，短時間內可以散去	視製程溶劑是否會殘留溶劑味
防水	可覆膜防水，但是破了會吸水	PU外層防水
清潔	表面有覆膜的好清理 軟布+清水	軟布+清水，中性清潔劑 避免以刷子清洗

圖表5-5，爬行墊材質分析表（續）

	EVA 乙烯醋酸乙烯酯共聚合塑膠原料	XPE 高交聯超耐磨聚乙烯	EPE 聚乙烯發泡棉 珍珠棉
材質說明	● EVA本身無毒 ● 但有些商家為了降低成本，用含甲醯胺（有毒）回收料，用含甲醯胺的發泡劑 ● EVA（+彩膜／直接印刷） ● 易燃	● 環保無毒無異味 ● 目前公認較好的環保材質 ● EPE+覆膜（圖案裏印較安全） ● 易燃 （勝）	● 環保無毒無異味 ● EPE+覆膜（圖案裏印較安全） ● 易燃 （勝）
形式	拼接式	整體式、拼接式	整體式、拼接式
$	較低 （勝）	較高	較低 （勝）
耐用度	若表面有PP膜則具有較高的耐衝擊性	與EPE比抗拉強度更高，較為耐用，約2年以上 （勝）	易損壞，用久了會變薄
氣味	有添加物或使用回收料的有氣味	無氣味 （勝）	無氣味 （勝）
防水	防水，但底部有水會打滑	覆膜來防水	覆膜來防水
清潔	表面若未處理，容易卡灰塵軟布+清水	表面有覆膜的好清理軟布+清水	表面有覆膜的好清理軟布+清水

地墊上的印刷圖案

油墨中的重金屬對人體會產生一定危害，可選擇有覆膜裏印工法的商品，來避免直接接觸油墨和掉色的狀況。其中，EVA 和 PVC 有些是直接印刷在表面。

氣味有沒有關係

優良的材質商品一般是不會有刺鼻異味，如果爬行墊有明顯刺鼻的異味，最好就不要購買了。不過使用前仍建議先清潔後通風，但勿曬太陽。

厚薄怎麼選

我的經驗是使用厚度約 2 公分的地墊，較有防撞效果。以練習階段來選購的話，早期剛學爬較易跌倒使用較厚，後期爬行熟練後、頭不會經常撞地可以使用較薄的地墊。不過，一般我們可能只會買一次地墊，如果要適用各時期就買厚的，以免買了薄的，結果撞了還是好痛，又要買厚的。

寶寶第一支湯匙和碗選擇懶人包

湯匙百百種，到底適合用哪一種？初期練習，因為孩子動作控制尚不穩定，操作過程可能會刮到牙齦或牙齒，建議使用矽膠或 PP 材質，重量也比不鏽鋼輕，寶寶可以操作比較久。並持續觀察孩子將湯匙抽出嘴巴的動作，如果會用嘴唇抿下食物，不是用門牙刮下食物後，就可以使用不鏽鋼湯匙，不過不鏽鋼湯匙較重，需綜

合考量孩子力氣來提供。而湯匙深度的部分，以動作練習考量，建議深度深點好，但如果孩子同時也需要練習抿，可以綜合考量後再選擇湯匙的深度，或者準備 2 支湯匙，一支練抿、一支練舀。若有個別化需求，需依孩子狀況來選擇。

　　碗的部分，初期建議選用吸盤碗，這樣就不用又要顧湯匙又要顧碗，之後寶寶較熟練後，再開始練習自己扶碗。材質上不鏽鋼碗壁比塑膠耐用衛生，塑膠清洗比較容易產生刮痕，刮痕內卡食物比較難清乾淨。

圖表5-6，湯匙比較表

柄粗圓	深度深	匙面大	重量
粗柄 細柄	深 淺	大 小	湯匙重量需適當，太重的話會較吃力，影響動作時間和速度。
粗圓柄，較易抓握。	就動作練習而言：深度深較好舀、不易從湯匙掉出就口腔動作而言：深度淺比較好抿下。	匙面大較好舀不易掉出，但不要大過寶寶嘴巴。	

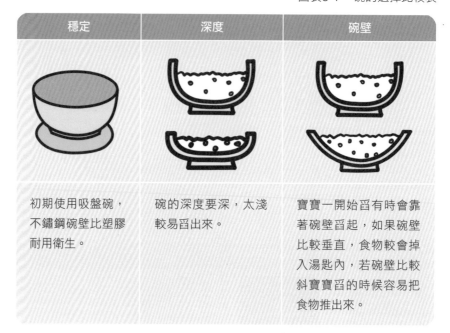

穩定	深度	碗壁
初期使用吸盤碗，不鏽鋼碗壁比塑膠耐用衛生。	碗的深度要深，太淺較易舀出來。	寶寶一開始舀有時會靠著碗壁舀起，如果碗壁比較垂直，食物較會掉入湯匙內，若碗壁比較斜寶寶舀的時候容易把食物推出來。

選鞋懶人包

　　一雙不適合的鞋子可能會造成跌倒、腳變形、影響動作，因此對於發展中喜歡跑跑跳跳的孩子來說，鞋子的選擇更是重要。鞋子的主要功能是保護、避震和穩定腳部。太緊、太小的鞋子會壓迫腳，寶寶如果覺得腳不舒服，自然不願意穿鞋子，或是穿著鞋就不想走路；而尺寸太大的鞋子，腳會在鞋子裡移動、容易鬆脫，為了不讓鞋子掉，動作也會不順暢，而且太長的鞋子，要抬得更高才能離地，就會影響原來正常步態，有些孩子會用代償的方式，變成腳開開像企鵝走路讓鞋子前端不要拖地，所以如果覺得孩子走路姿勢怪怪的，可以先確認鞋子是否合適，如果赤腳走路，姿勢就正常，

就可能是鞋子的問題。

　　外出需要保護腳時再穿鞋就好，平常在家還是要保留赤腳走路的機會，這樣能接受到更多感覺訊息以及足部小肌肉的運動。

如何選一雙適合寶寶的鞋子

1 確認尺寸合適的方法

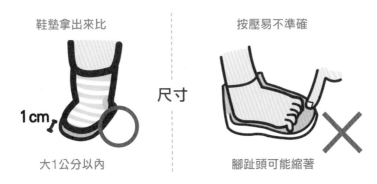

鞋墊拿出來比　　　　　　　　　　按壓易不準確

尺寸

1cm 大1公分以內　　　　　　　　　腳趾頭可能縮著

　　以往我們會用按壓鞋子前端空隙的方式來確認尺寸，但因為小孩的腳趾頭如果是用力的狀態、縮起來，鞋子可能就會買太小，或腳跟後面其實有空隙，這樣反而會買太大。建議將鞋墊拿出來讓小孩站在上面確認尺寸，務必是在站姿的狀態，坐姿沒有身體重量時，腳的形狀會有不同，如果腳比較肉的孩子，承重下會往外擴大，如果楦頭太小，之後穿就會容易壓迫，小孩會容易覺得不舒服。建議鞋墊要比腳多 1 公分以內，太長會可能影響步態、容易跌倒。

　　如果鞋墊無法取出，可以請店員協助確認尺寸，或者可以拿個紙板畫腳形，然後拿去比對（同時也能明確量測寶寶腳長，不方便帶寶寶前往時，也會建議畫好腳型再去買，但是買回來還是要試穿看看包覆性）。

2 鞋子後方的護跟要稍硬

用手按壓測試

太軟的護跟

護跟

要稍有硬度

支撐性較低

　　選擇鞋子後方護跟有支撐的較佳。試穿時可請小孩走走路，觀察腳跟有沒有上下滑動的過鬆情況？或者太緊讓小孩不舒服？此外，不建議買過高筒的鞋子（超過內踝骨），雖然高筒鞋能保護但也限制腳踝的活動（若有穿過雨鞋上下樓梯，應該可以感受到腳踝卡卡的感覺）。所以，若無特殊需求，幼兒不需特別選擇高筒鞋；若因造型搭配，偶爾穿沒關係。

3 鞋子要有良好的透氣度

真皮或布料較佳

不透氣的塑膠

透氣

寶寶腳易流汗

容易腳濕、腳臭

　　選擇透氣的材質如：真皮、網眼布等等，較不易引起悶熱不舒服、腳臭的問題。同時搭配棉質透氣的襪子。

4 有鞋帶的鞋子包覆性較確實

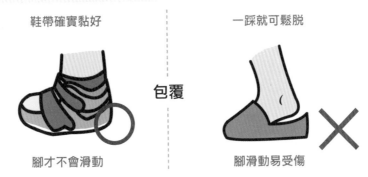

鞋帶確實黏好　　　　　　一踩就可鬆脫

包覆

腳才不會滑動　　　　　　腳滑動易受傷

　　鞋子有確實包覆指的是沒有鬆開鞋帶時，鞋子是無法脫下來的，如果鞋子是踩腳跟就可以脫下，或不用踩腳跟也可以脫下的鬆度，在跑跑跳跳活動時，就會比較容易鬆脫，增加受傷的可能性，或者因為擔心鞋子掉，而影響動作的流暢度或敏捷度。此外，較小的幼兒可選魔鬼氈設計的鞋帶，較好穿脫，又能達到穩固的穿著。

5 鞋底有適當的柔軟度

鞋底柔軟度適中　　　　　　太厚硬不易彎曲

鞋底

彎約在前1/3處　　　　　　限制動作易摔跤

　　鞋底的柔軟度要適中，必須可以隨著走路時腳的動作而彎曲，彎曲的位置約在鞋子前三分之一處。太厚或太硬的鞋底，走路時無法正常彎曲，會影響走路的順暢度，甚至造成跌倒。

月齡參考發展指標速查表

重要練習索引

Chapter 01 圖表索引

Chapter 02 圖表索引

Chapter 03 圖表索引

Chapter 04 圖表索引

Chapter 05 圖表索引

0～2歲黃金期
職能治療師媽媽的超強育兒術

作　　　者	蔡曼嫻	
插　　　畫	湯姆哥	
編　　　輯	徐詩淵、簡語謙	
校　　　對	徐詩淵、蔡曼嫻	
美 術 設 計	吳靖玟	

發 行 人　程顯灝
總 編 輯　呂增娣
資 深 編 輯　吳雅芳
編　　　輯　藍匀廷、黃子瑜
　　　　　　蔡玟俞
美 術 主 編　劉錦堂
美 術 編 輯　陳玟諭、林榆婷
行 銷 總 監　呂增慧
資 深 行 銷　吳孟蓉

發 行 部　侯莉莉
財 務 部　許麗娟、陳美齡
印 務　許丁財
出 版 者　四塊玉文創有限公司

總 代 理　三友圖書有限公司
地　　址　106台北市安和路2段213號9樓
電　　話　(02) 2377-4155
傳　　真　(02) 2377-4355
E - m a i l　service@sanyau.com.tw
郵 政 劃 撥　05844889 三友圖書有限公司

總 經 銷　大和書報圖書股份有限公司
地　　址　新北市新莊區五工五路2號
電　　話　(02) 8990-2588
傳　　真　(02) 2299-7900

製 版 印 刷　卡樂彩色製版印刷有限公司

初　　版　2020年01月
一 版 四 刷　2024年03月
定　　價　新台幣 420元
I S B N　978-986-5510-02-2（平裝）

國家圖書館出版品預行編目 (CIP) 資料

0～2歲黃金期：職能治療師媽媽的超強育兒術 / 蔡曼嫻 著. -- 初版. -- 臺北市：四塊玉文創, 2020.01
面； 公分
ISBN 978-986-5510-02-2（平裝）
1. 育兒
428　　　　　　　　　　　　108022266

Combi

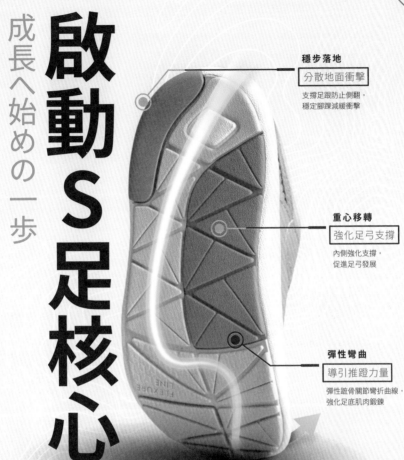

tender leaf toys ®

www.tenderleaftoys.tw

DESIGNED IN GREAT BRITAIN

Designer **Danielle Hanson**

20年的豐富經驗，開發高品質益智
啟蒙的幼教玩具。

品牌理念

1 讓遊戲成為孩童啟蒙的推手

2 呵護孩童發芽茁壯

創立於美國加州，Tender Leaf
開發不同年齡層的益智玩具，
在每個重要心智發展期，讓學
習扮演關鍵角色。

商品特色

1 啟發探索與好奇心

2 培養想像與創造力

3 促進社會化的養成

官網

粉絲專頁

懷孕聖經

作者│Collège National des Gynécologues et Obstétriciens Françai（CNGOF）, Jacques Lansac et Nicolas Evrard
譯者│馬青、喬紅
定價│820元

6000位醫學專家、140幅示意圖、45張超音波檢查圖，從懷孕的各個階段，為準媽媽解答孕期常會遇到的各種問題。

增強體質的親子按摩

作者│劉清國
定價│320元

提高免疫力，增強體質的親子按摩──書中讓你輕鬆掌握28種防治兒童常見病症的按摩法，準確定位90個保證孩子健康的特效穴位。

家庭必備的醫學事典：

疾病╳藥品╳醫用語，實用的醫療小百科

作者│中原英臣
譯者│謝承翰
定價│320元

疾病、藥物、醫療用語、急救常識等125種健康知識，讓你隨翻隨查，遠離對醫學名詞的恐懼，面對疾病不再霧煞煞！

睡覺也需要練習：

治療失眠從活化心靈開始，24週讓你一夜好眠

作者│劉貞柏（阿柏醫師）
定價│320元

遠離失眠與焦慮的惡性循環！不吃藥也能好好睡。透過練習，重新認識自己，活化心靈，用24週帶你擺脫失眠，回歸正常生活。

你要跟眼科醫師這樣説：

0~100歲的眼睛自我檢查手冊

作者│蕭裕泉
定價│390元

從0～100歲都需要的一本眼睛保健書。本書讓你了解自己的眼睛，並且可以跟眼科醫師做最正確的描述，確保眼睛健康，隨時擁有好眼光！

居家穴位調養的第一本書：按一按、揉一揉，就能照顧全家人健康

作者│李志剛
定價│320元

全身6大部位穴道詳細解析，52個萬能養生穴道。老人小孩都適用的按摩方法，書中附有全身穴位拉頁，按圖索驥輕鬆找穴點。

我的貓系生活：
有貓的日常，讓我們更懂得愛
作者｜露咖佩佩
定價｜350元

高人氣貓系部落客露咖佩佩執筆，獨家分享與自家三貓的生活、貓咪訓練與日常照護！揭露那些你所不知道的貓事，帶你近距離接觸最真實的貓，有圖有真相！

貓，請多指教3：
用最喵的方式愛你
作者｜Jozy、春花媽
定價｜290元

動物溝通師－春花媽、漫畫家－Jozy聯手合作透過超萌有趣的四格漫畫，動人心弦的互動故事，分享寶貝們的心裡事，讓你用更體貼的方式愛他們。

跟著有其甜：
米菇，我們還要一起旅行好久好久
作者｜賴聖文、米菇
定價｜350元

一個19歲的男孩，一隻被人嫌棄的黑狗（米菇），最後他們決定一起去旅行。因為愛，更因為不想有遺憾，所以必須啟程。

為了與你相遇：
100則暖心的貓咪認養故事
作者｜蔡曉琼（熊子）
定價｜350元

畫家熊子歷經一年的採訪，用畫與感人的文字100個街頭流浪的孩子尋愛的故事，她希望，告訴正在閱讀的你，在動物與人之間，愛有多美好。

有愛大聲講：
那些貓才會教我的事情
作者｜春花媽
繪者｜Jozy
定價｜350元

讓動物溝通師春花媽，透過一則又一則的溝通故事，在噴飯與噴淚間，告訴你毛孩子的心裡話，還有最體貼的毛孩養育觀念。

奔跑吧！浪浪：
從街頭到真正的家，莉丰慧民V館22個救援奮鬥的故事
作者｜楊懷民、大城莉莉
　　　張國彬
定價｜300元

毛孩傷痕累累的身心，都在作者的愛之下，一步步找回笑容。這是人與毛孩攜手奮鬥的故事，是天地間最動人的篇章。